中国电子教育学会高教分会推荐

普通高等教育电子信息类课改规划教材

STM32 微控制器原理及应用

主　编　　游国栋

副主编　　李继生　　周卫斌　李吉祥

　　　　　段英宏　　侯晓鑫

西安电子科技大学出版社

内 容 简 介

本书围绕 STM32 微处理器的基本原理，深入浅出地分析了 STM32 微处理器的基本原理和内部结构；同时，结合作者指导大学生创新创业训练计划项目及竞赛案例，将实际应用案例设计融合在各章节，以便让读者更加深入地掌握 STM32 微处理器的原理和应用技巧，提高学生的实际动手能力。全书共 8 章，第 1～2 章主要讲述 STM32 微处理器的基本原理，第 3～8 章分别讲述 GPIO、USART、TIM、ADC、DMA、I^2C 的结构与功能，并结合工程应用案例进行程序设计。

本书实践性强，可以作为高等院校相关专业的教学用书，也可以作为科研机构研究人员的参考书，还可供从事相关工作的工程技术人员参考。

图书在版编目（CIP）数据

STM32 微控制器原理及应用 / 游国栋主编. —西安：西安电子科技大学出版社，2020.8
ISBN 978–7–5606–5804–9

Ⅰ. ① S… Ⅱ. ① 游… Ⅲ. ① 微控制器—高等学校—教材 Ⅳ. ① TP368.1

中国版本图书馆 CIP 数据核字（2020）第 134711 号

策划编辑	刘玉芳
责任编辑	王 艳 刘玉芳
出版发行	西安电子科技大学出版社（西安市太白南路 2 号）
电 话	(029)88242885 88201467 邮 编 710071
网 址	www.xduph.com 电子邮箱 xdupfxb001@163.com
经 销	新华书店
印刷单位	陕西天意印务有限责任公司
版 次	2020 年 8 月第 1 版 2020 年 8 月第 1 次印刷
开 本	787 毫米×1092 毫米 1/16 印张 13.75
字 数	322 千字
印 数	1～3000 册
定 价	35.00 元

ISBN 978 – 7 – 5606 – 5804 – 9 / TP

XDUP 6106001–1

＊＊＊ 如有印装问题可调换 ＊＊＊

前　言

嵌入式系统以计算机技术为基础，软硬件可裁剪，适用于对功能、可靠性、成本、体积、功耗等有严格要求的专用计算机系统。从应用对象上来说，嵌入式系统是软件和硬件的综合体，还可以涵盖机械等附属装置。

STM32 系列基于专为要求高性能、低成本、低功耗的嵌入式应用设计的 ARM Cortex-M3 内核。Cortex-M3 拥有强劲的性能、较高的代码密度，可位操作，可嵌套中断，且具有低成本、低功耗等优势。

STM32 的优异性体现在以下几个方面：

(1) 超低的价格。价格是 STM32 最大的优势。

(2) 超多的外设。新 STM32 的标准外设包括 10 个定时器、2 个 12 位 1-Msample/s 模数转换器(交错模式下 2-Msample/s)、2 个 12 位数模转换器、两个 I^2C 接口、5 个 USART 接口和 3 个 SPI 端口。新产品的外设共有 12 条 DMA 通道、1 个 CRC 计算单元，支持 96 位唯一标识码，且具有极高的集成度。

(3) 杰出的功耗控制。STM32 各个外设都有自己独立的时钟开关，可以通过关闭相应外设的时钟来降低功耗。2.0 V～3.6 V 的工作电压范围兼容主流的电池技术，如锂电池和镍氢电池，封装还设有一个电池工作模式专用引脚 V_{bat}；以 72 MHz 频率从闪存执行代码，仅消耗 27 mA 电流。低功耗模式共有 4 种，可将电流消耗降至 2 μA。从低功耗模式快速启动也同样省电能，启动电路使用 STM32 内部生成的 8 MHz 信号，将微控制器从停止模式唤醒用时小于 6 μs。

(4) 优异的实时性能。STM32 有 68 个中断、16 级可编程优先级，并且所有的引脚都可以作为中断输入。

(5) 丰富的型号。STM32 仅 M3 内核就拥有 F100、F101、F102、F103、F105、F107、F207、F217 共 8 个系列上百种型号，且具有 QFN、LQFP、BGA 等封装可供选择。同时，STM32 还推出了 STM32L 和 STM32W 等超低功耗和无线应用型 M3 芯片。

(6) 极低的开发成本。STM32 的开发不需要昂贵的仿真器，只需要一个串口即可下载代码，并且具有 SWD 和 JTAG 两种调试口。SWD 调试可以为用户的设计带来更多的方便，只需要 2 个 I/O 口即可实现仿真调试。

本书在编写过程中，注重深入浅出、循序渐进，读者可以快速理解基本概念；书中配以较多的应用实例设计，使读者易于学习 STM 系列的具体使用。全书共 8 章。第 1 章简要概述了单片微型处理器、嵌入式系统、ARM、Cortex-M3 和 μC/OS-II 系统；第 2 章围绕 STM32 的体系结构，讲述了 STM32F103 的内部结构、引脚配置、存储器、程序设计、电源、时钟及复位电路、指令系统、流水线和中断等；第 3 章围绕通用并行接口 GPIO，讲述了其结构、寄存器及库函数，并给出了一个设计实例；第 4 章主要对通用同步/异步收发器接口 USART 的结构及功能、库函数进行了说明，并结合设计实例进行了讲述；第 5 章介绍了定时器 TIM

的结构及功能、寄存器、库函数，通过实例讲述了定时器 TIM 的应用；第 6 章讲述了模数转换器 ADC 的结构及功能、寄存器、库函数，并给出了应用实例；第 7 章讲述了直接存储器存取 DMA 的结构、功能和寄存器，并结合实例进行了设计说明；第 8 章讲述了内部集成电路总线接口 I²C 的结构、功能、寄存器和库函数，并通过实例讲述了其应用；附录给出了 STM32 嵌入式开发常用词汇词组及缩写词汇总。

本书由游国栋任主编，负责全书整理定稿；李继生、周卫斌、李吉祥、段英宏、侯晓鑫任副主编。游国栋编写了第 1~5 章，李继生编写了第 6 章，周卫斌和侯晓鑫共同编写了第 7 章，李吉祥和段英宏编写了第 8 章。天津科技大学的研究生李飞、郝世诚、兰新蔚、岳景鸿、邢强、卫俊凯、姚梓琛、许涵、徐伟智、马启珉等协助进行了大量的绘图和整理工作。天津科技大学的李继生教授担任本书主审，对本书提出了许多宝贵的意见和建议，在此表示衷心的感谢。感谢天津科技大学电子信息与自动化学院领导对本书出版的支持。此外，还要感谢西安电子科技大学出版社的刘玉芳编辑，感谢她为本书的编辑和出版所做的辛勤工作。

本书适用于零基础的读者。由于作者水平有限，书中难免有遗漏与不当之处，敬请广大读者批评指正。

编　者
2020 年 4 月

目　　录

第1章 概 述

1.1 单片微型处理器概述

单片微型计算机(Single Chip Microcomputer)简称"单片机",也称为"MCU"(Micro Controller,微控制器)。单片机是一种集成电路芯片,是采用超大规模集成电路技术把具有数据处理能力的中央处理器(Central Processing Unit,CPU)、随机存储器(Random Access Memory,RAM)、只读存储器(Read-Only Memory,ROM)、多种输入/输出(Input/Output,I/O)口和中断系统等功能集成到一块硅片上构成的一个小而完善的微型计算机系统。图 1-1 为单片机结构框图。

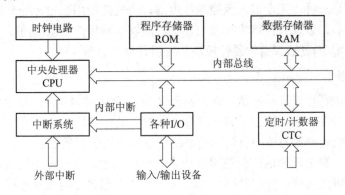

图 1-1 单片机结构框图

单片微型处理器(Micro Processor)跟单片机类似,微处理器只是计算机系统中的核心部件,而单片机是一个完整的计算机系统,其核心部件由控制单元、计算逻辑单元和寄存器单元等部分组成。

(1) 中央处理器 CPU:CPU 由运算器、控制器、寄存器三部分组成,这三部分由 CPU 内部总线连接起来,主要完成数据的计算、指令的执行等工作,是单片机的核心。

(2) 存储器(Memory):在单片机中,存储器分为两种,即 RAM 和 ROM。RAM 用于保存代码执行过程中的暂存变量,掉电丢失,类似于计算机中的内存;ROM 用于保存单片机的代码,掉电不丢失,类似于计算机中的硬盘。

(3) 各种 I/O:为了与外界进行信息交换或者控制外围器件,单片机常常配有各种 I/O 系统,如通用 I/O(GPIO)口、并行总线、各种串行总线等,这些资源有些也称为外设。

(4) 中断系统:中断装置和中断处理程序的统称,是单片机的重要组成部分。中断是 CPU 对系统发生的某个事件作出的一种反应。引起中断的事件称为中断源;中断源向 CPU

提出处理的请求称为中断请求；发生中断时被打断程序的暂停点称为断点；CPU 暂停现行程序而转为响应中断请求的过程称为中断响应；处理中断源的程序称为中断处理程序；CPU 执行有关的中断处理程序称为中断处理；返回断点的过程称为中断返回。中断的实现由软件和硬件综合完成，硬件部分称为硬件装置，软件部分称为软件处理程序。

单片机自诞生以来，以其稳定的性能、低电压、低功耗、经久耐用、体积小、性价比高、控制能力强、易于扩展等优点，在工业控制领域得到了广泛的应用。从 20 世纪 80 年代开始，先后出现了 4 位单片机、8 位单片机、16 位单片机、32 位单片机。其中，最受欢迎的是 8 位单片机，它在相当长的一段时间里是单片机应用的主流，目前仍然和 32 位单片机一样占据着较大的市场份额。随着电子技术的迅速发展，单片机的功能也越来越强大。

随着科学技术的进步与发展，单片机的运算能力越来越强，存储空间越来越大，外设越来越丰富，单片机与单片微型处理器之间的区别也越来越小。对于初学者而言，单片机与单片微型处理器没有太大的区别，进行研发计算时更应注重其应用和特性。

1.2   嵌入式系统简介

嵌入式系统是一种"完全嵌入受控器件内部，为特定应用而设计的专用计算机系统"。它是以应用为中心，以现代计算机技术为基础，能够根据用户需求(功能、可靠性、成本、体积、功耗、环境等)灵活裁剪软硬件模块的专用计算机系统。

1. 发展过程

嵌入式系统的真正发展是在微处理器问世之后。1971 年 11 月，算术运算器和控制器电路成功地被集成在一起，推出了第一款微处理器，其后各厂家陆续推出了 8 位、16 位微处理器。以这些微处理器为核心所构成的系统广泛地应用于仪器仪表、医疗设备、机器人、家用电器等领域。微处理器的广泛应用形成了一个广阔的嵌入式应用市场，计算机厂家开始大量地以插件方式向用户提供 OEM 产品，再由用户根据自己的需要选择一套适合的 CPU 板、存储器板及各式 I/O 插件板，从而构成专用的嵌入式计算机系统，并将其嵌入自己的系统设备中。

20 世纪 80 年代，随着微电子工艺水平的提高，集成电路制造商开始把嵌入式计算机应用中所需要的微处理器、I/O 接口、A/D 转换器、D/A 转换器、串行接口，以及 RAM、ROM 等部件全部集成到一个 VLSI 中，从而制造出面向 I/O 设计的微控制器，即单片机。单片机成为嵌入式计算机中的一支新秀。20 世纪 90 年代，在分布控制、柔性制造、数字化通信和信息家电等巨大需求的牵引下，嵌入式系统进一步快速发展。面向实时信号处理算法的 DSP 产品向着高速、高精度、低功耗的方向发展。21 世纪是一个网络盛行的时代，将嵌入式系统应用到各类网络中是单片机发展的重要方向。

20 世纪 90 年代以后，随着对实时性要求的提高，软件规模不断上升，实时核逐渐发展为实时多任务操作系统(RTOS)，并作为一种软件平台逐步成为目前国际嵌入式系统的主流。

嵌入式系统的发展大致经历了以下三个阶段。

第一阶段：嵌入技术的早期阶段。嵌入式系统以功能简单的专用计算机或单片机为核心的可编程控制器的形式存在，具有监测、伺服、设备指示等功能。这种系统大部分应用于各类工业控制和飞机、导弹等武器装备中。

第二阶段：以高端嵌入式 CPU 和嵌入式操作系统为标志。这一阶段系统的主要特点是计算机硬件出现了高可靠、低功耗的嵌入式 CPU，如 ARM、PowerPC 等，且支持操作系统、支持复杂应用程序的开发和运行。

第三阶段：以芯片技术和 Internet 技术为标志。微电子技术发展迅速，SoC(片上系统)使嵌入式系统越来越小，功能却越来越强。目前大多数嵌入式系统还孤立于 Internet 之外，但随着 Internet 的发展及 Internet 技术与信息家电、工业控制技术等的结合日益密切，嵌入式技术正在进入快速发展和广泛应用的时期。

2. 特点

嵌入式系统的硬件和软件必须根据具体的应用任务，以功耗、成本、体积、可靠性、处理能力等为指标来进行选择。嵌入式系统的核心是系统软件和应用软件，由于存储空间有限，因而要求软件代码紧凑、可靠，且对实时性有严格要求。

从构成上来看，嵌入式系统是集软硬件于一体的、可独立工作的计算机系统；从外观上来看，嵌入式系统像是一个"可编程"的电子器件；从功能上来看，它是对目标系统(宿主对象)进行控制，使其智能化的控制器。从用户和开发人员的不同角度来看，与普通计算机相比较，嵌入式系统具有如下特点：

(1) 专用性强。由于嵌入式系统通常是面向某个特定应用的，所以嵌入式系统的硬件和软件(尤其是软件)，都是为特定用户群设计的，通常具有某种专用性的特点。

(2) 体积小型化。嵌入式计算机把通用计算机系统中许多由板卡完成的任务集成在芯片内部，从而有利于实现小型化，方便将嵌入式系统嵌入到目标系统中。

(3) 实时性好。嵌入式系统广泛应用于生产过程控制、数据采集、传输通信等场合，主要用来对宿主对象进行控制，所以对嵌入式系统有或多或少的实时性要求。例如，对武器中的嵌入式系统、某些工业控制装置中的控制系统等的实时性要求就极高。有些系统对实时性要求并不是很高，例如，近年来发展速度比较快的掌上电脑等。但总体来说，实时性是对嵌入式系统的普遍要求，是设计者和用户应重点考虑的一个重要指标。

(4) 可裁剪性好。从嵌入式系统专用性的特点来看，嵌入式系统的供应者理应提供各式各样的硬件和软件以备选用，力争在同样的硅片面积上实现更高的性能，这样才能在具体应用中更具竞争力。

(5) 可靠性高。由于有些嵌入式系统所承担的计算任务涉及被控产品的关键质量、人身设备安全甚至国家机密等重大事务，且有些嵌入式系统的宿主对象工作在无人值守的场合，如在危险性高的工业环境和恶劣的野外环境中工作的监控装置。所以，与普通系统相比较，嵌入式系统对可靠性的要求极高。

(6) 功耗低。有许多嵌入式系统的宿主对象是一些小型应用系统，如移动电话、MP3、数码相机等，这些设备不可能配置交流电源或容量较大的电源，因此低功耗一直是嵌入式系统追求的目标。

(7) 嵌入式系统本身不具备自我开发能力，必须借助通用计算机平台来开发。嵌入式系统设计完成以后，普通用户通常没有办法对其中的程序或硬件结构进行修改，必须有一套开发工具和环境才能进行。

(8) 嵌入式系统通常采用"软硬件协同设计"的方法实现。早期的嵌入式系统设计方法经常采用的是"硬件优先"原则，即在只粗略估计软件任务需求的情况下，首先进行硬件设计与实现，然后在此硬件平台上进行软件设计。如果采用传统的设计方法，则一旦在测试中发现问题，需要对设计进行修改时，整个设计流程将重新进行，这对成本和设计周期的影响很大。系统的设计在很大程度上依赖于设计者的经验。20 世纪 90 年代以来，随着电子和芯片等相关技术的发展，嵌入式系统的设计和实现出现了软硬件协同设计方法，即使用统一的方法和工具对软件和硬件进行描述、综合和验证。在系统目标要求的指导下，通过综合分析系统软硬件功能及现有资源，协同设计软硬件体系结构，以最大限度地挖掘系统软硬件能力，避免由于独立设计软硬件体系结构而带来的种种弊病，得到高性能、低代价的优化设计方案。

3. 系统组成

从外部特征上看，一个嵌入式系统通常是一个功能完备、几乎不依赖其他外部装置即可独立运行的软硬件集成的系统。一个嵌入式系统装置一般都由嵌入式计算机系统和执行装置组成。嵌入式计算机系统是整个嵌入式系统的核心，由硬件层(包括硬件接口层、硬件、输入/输出和处理)、系统软件层(包括基础系统软件和可复用组件库)和应用软件层(及应用软件)组成，图 1-2 所示为嵌入式系统组成框图。执行装置也称为被控对象，它可以接收嵌入式计算机系统发出的控制命令，执行所规定的操作或任务。执行装置可以很简单，例如手机上的一个微小型的电机，当手机处于震动接收状态时打开；也可以很复杂，例如 SONY 智能机器狗，上面集成了多个微小型控制电机和多种传感器，从而可以执行各种复杂的动作和感受各种状态信息。

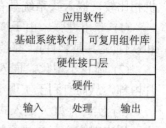

图 1-2　嵌入式系统组成框图

1) 硬件结构

尽管各种具体的嵌入式系统的功能、外观界面、操作等各不相同，甚至千差万别，但是基本的硬件结构却大同小异，而且它和通用计算机的硬件系统有着高度的相似性。嵌入式系统的硬件部分从组成上看与通用计算机系统的没有什么区别，也由处理器、存储器、外部设备、I/O 接口、图形控制器等部分组成，但是嵌入式系统应用上的特点使其在软硬件的组成和实现形式上与通用计算机系统有着较大的区别。为满足嵌入式系统在速度、体积和功耗上的要求，操作系统、应用软件、特殊数据等需要长期保存的数据，通常不使用磁盘这类具有大容量且速度较慢的存储介质，而大多使用 EPROM、EEPROM 或闪存(Flash Memory)。在嵌入式系统中，A/D 或 D/A 模块主要用于测控方面，而在通用计算机中用得很少。根据实际应用和规模的不同，有些嵌入式系统要采用外部总线。随着嵌入式系统应用领域的迅速扩张，嵌入式系统越来越趋于个性化，根据自身特点采用总线的种类也越来越多。另外，为了对嵌入式处理器内部电路进行测试，处理器芯片普遍采用了边界扫描测试技术。图 1-3 为嵌入式

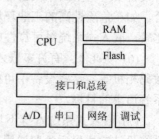

图 1-3　嵌入式系统的硬件结构

系统的硬件结构。

2) 软件体系

嵌入式系统的软件体系是面向嵌入式系统特定的硬件体系和用户要求而设计的，是嵌入式系统的重要组成部分，是实现嵌入式系统功能的关键。嵌入式系统的软件体系和通用计算机的软件体系类似，分为驱动层、操作系统层、中间件层和应用层四层，各有其特点。图 1-4 为嵌入式系统的软件体系。

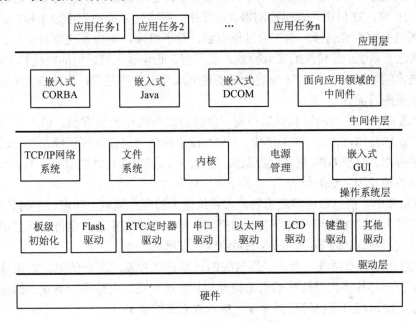

图 1-4 嵌入式系统的软件体系

(1) 驱动层。驱动层是直接与硬件打交道的一层，它为操作系统和应用提供硬件驱动或底层核心支持，其功能由驱动程序实现。在嵌入式系统中，驱动程序具有在嵌入式系统上电后初始化系统的基本硬件环境的功能，而系统的基本硬件包括微处理器、存储器、中断控制器、定时器等。驱动层一般有三种类型的程序，即板级初始化程序、标准驱动程序和应用驱动程序。

(2) 操作系统层。嵌入式系统中的操作系统具有一般操作系统的核心功能，负责嵌入式系统全部软硬件资源的分配、调度工作，并控制、协调并发活动。它仍具有嵌入式的特点，属于嵌入式操作系统(Embedded Operating System，EOS)。主流的嵌入式操作系统有 Windows CE(WinCE)、Palm OS、Linux、VxWorks、pSOS、QNX、LynxOS 等。嵌入式操作系统使得编写应用程序更加快速、高效、稳定。

(3) 中间件层。中间件是用于帮助和支持应用软件开发的软件，通常包括数据库、网络协议、图形支持及相应的开发工具等，例如 MySQL、TCP/IP、GUI 等都属于这一类软件。

(4) 应用层。嵌入式应用软件是针对特定应用领域，用来实现用户预期目标的软件。嵌入式应用软件和普通应用软件有一定的区别，它不仅要求在准确性、安全性和稳定性等方面能够满足实际应用的需要，而且还要尽可能地进行优化，以减少对系统资源的消耗，降低硬件成本。嵌入式系统中的应用软件是最活跃的力量，每种应用软件均有特定的应用背景。尽管规模较小，但专业性较强，所以嵌入式应用软件不像操作系统和支撑软件那样受制于国外产品，是我国嵌入式软件的优势领域。

4. 嵌入式系统的应用

嵌入式系统技术具有非常广阔的应用前景，其应用领域包括：

(1) 工业控制。基于嵌入式芯片的工业自动化设备将获得长足的发展，目前已经有大量的 8 位、16 位、32 位嵌入式微控制器在应用中。网络化是提高生产效率和产品质量、减少人力资源浪费的主要途径，如工业过程控制、数字机床、电力系统电网安全、电网设备监测、石油化工系统。就传统的工业控制产品而言，低端型应用采用的往往是 8 位单片机。但是随着技术的发展，32 位、64 位的处理器逐渐成为工业控制设备的核心，在未来几年内必将获得长足的发展。

(2) 交通管理。在车辆导航流量控制、信息监测与汽车服务方面，嵌入式系统技术已经获得了广泛的应用，内嵌 GPS 模块、GSM 模块的移动定位终端已经在各种运输行业获得了成功的应用。目前 GPS 设备已经从尖端产品进入了普通百姓的家庭，只需要几百元，就可以随时随地找到目标的位置。

(3) 信息家电。信息家电将成为嵌入式系统最大的应用领域。冰箱、空调等的网络化、智能化将引领人们的生活步入一个崭新的空间。即使你不在家里，也可以通过电话、网络进行远程控制。在这些设备中，嵌入式系统将大有用武之地。

(4) 家庭智能管理系统。水电、煤气表的远程自动抄表，安全防火、防盗系统，其中嵌入的专用控制芯片将代替传统的人工检查，并实现更高、更准确和更安全的性能。目前在服务领域，如远程点菜器等已经体现了嵌入式系统的优势。

(5) POS 网络及电子商务。公共交通无接触智能卡(Contactless Smart Card，CSC)发行系统、公共电话卡发行系统、自动售货机、各种智能 ATM 终端将全面走进人们的生活，到时手持一卡就可以行遍天下。

(6) 环境工程与自然。嵌入式系统在环境工程及自然界的应用包括水文资料实时检测、防洪体系及水土质量检测、堤坝安全检测以及地震监测、实时气象预报、水源和空气污染监测等方面。在很多环境恶劣、地况复杂的地区，嵌入式系统将实现无人监测。

(7) 机器人。嵌入式芯片的发展将使机器人在微型化、智能化方面的优势更加明显，同时会大幅度降低机器人的价格，使其在工业领域和服务领域获得更广泛的应用。

1.3 ARM 处理器概述

1985 年，Roger Wilson 和 Steve Furber 设计了第一代 32 位、6 MHz 的处理器，并用它做出了一台精简指令集计算机(Reduced Instruction Set Computer，RISC)，简称 ARM(Acorn RISC Machine)。ARM 处理器本身是 32 位的，也配备了 16 位指令集，但它比等价 32 位处理器在代码上节省了 35%，却能保留 32 位系统的所有优势。

ARM 的 Jazelle 技术使 Java 加速得到比基于软件的 Java 虚拟机(Java Virtual Machine，JVM)高得多的性能，和同等的非 Java 加速核相比功耗降低了 80%。CPU 由于增加了 DSP

指令集，提供增强的 16 位和 32 位算术运算能力，所以也提高了性能，增加了灵活性。图 1-5 为 ARM 处理器阶梯图。

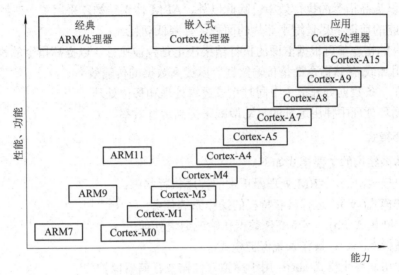

图 1-5　ARM 处理器阶梯图

1．特点

ARM 处理器的特点如下：

(1) 体积小，功耗低，成本低，性能高；

(2) 支持 Thumb(16 位)/ARM(32 位)双指令集，能很好地兼容 8 位/16 位器件；

(3) 大量使用寄存器，指令执行速度更快；

(4) 大多数数据操作都在寄存器中完成；

(5) 寻址方式灵活简单，执行效率高；

(6) 指令长度固定。

2．体系结构

体系结构也称为"系统结构"，是指程序员在为特定处理器编制程序时"看到"，从而可以在程序中使用的资源及其相互之间的关系。体系结构定义了指令集(ISA)和该体系结构下处理器的编程模型。体系结构中最重要的是处理器所提供的指令系统和寄存器组。基于同样体系结构的处理器可以有多种，每种处理器的性能不同，所面向的应用也就不同，但每个处理器的实现都要遵循这一体系结构。ARM 体系结构为嵌入式系统发展商提供了很高的系统性能，同时保持了优异的功耗和面积效率。

体系结构包括 CISC(Complex Instruction Set Computer，复杂指令集计算机)和 RISC 两种。在 CISC 指令集的各种指令中，大约有 20%的指令会被反复使用，占整个程序代码的80%，而剩下的 80%的指令却不经常使用。RISC 结构优先选取使用频率最高的简单指令，避免复杂指令；固定指令长度，减少了指令格式和寻址方式的种类；以控制逻辑为主，不用或少用微码控制等。

RISC 体系结构具有如下特点：

(1) 采用固定长度的指令格式，指令规则简单，基本寻址方式有 2～3 种。

(2) 使用单周期指令，便于流水线操作执行。

(3) 大量使用寄存器，数据处理指令只对寄存器进行操作，只有加载/存储指令可以访问存储器，以提高指令的执行效率。除此以外，ARM 体系结构还采用了一些特别的技术，在保证高性能的前提下尽量缩小芯片的面积，并降低功耗。

(4) 所有的指令都可根据前面的执行结果决定是否被执行，以提高指令的执行效率。

(5) 可用加载/存储指令批量传输数据，以提高数据的传输效率。

(6) 可在一条数据处理指令中同时完成逻辑处理和移位处理。

(7) 在循环处理中使用地址的自动增减来提高运行效率。

3. 主要模式

RISC 体系结构的主要模式如下：

- 用户模式(usr)：ARM 处理器正常的程序执行状态；
- 系统模式(sys)：运行具有特权的操作系统任务；
- 快中断模式(fiq)：支持高速数据传输或通道处理；
- 管理模式(svc)：操作系统保护模式；
- 数据访问终止模式(abt)：用于虚拟存储器及存储器保护；
- 中断模式(irq)：用于通用的中断处理；
- 未定义指令终止模式(und)：支持硬件协处理器的软件仿真。

除用户模式外，其余 6 种模式称为非用户模式或特权模式，用户模式和系统模式之外的 5 种模式称为异常模式。ARM 处理器的运行模式可以通过软件改变，也可以通过外部中断或异常处理改变。

4. 系列产品

常见的基于 ARM 核的产品有：

(1) Intel 公司的 XScale；

(2) ST 公司的 STM32；

(3) Freescale 公司的龙珠系列 iMX 处理器；

(4) TI 公司的 DSP+ARM 处理器 OMAP 和 Cortex 核的 LM3S 系列；

(5) Cirrus Logic 公司的 ARM 系列；

(6) SamSung 公司的 ARM 系列；

(7) Atmel 公司的 AT91 系列微控制器；

(8) NXP 公司的微控制器系列。

ARM 公司定义了 7 种主要的 ARM 指令集体系结构版本，版本号为 V1～V7。

(1) V1：ARM1；

(2) V2：ARM2、ARM3；

(3) V3：ARM6；

(4) V4：ARM7、ARM8、ARM9、StrongARM；

(5) V5：ARM10、XScale；

(6) V6：ARM11；

(7) V7：Cortex、SecurCore。

ARM 公司在 ARM11 系列以后的产品改用以 Cortex 命名，并分为 A、R、M 三类。

· A 系列：基于 V7A 的称为 Cortex-A 系列，主要面向尖端的基于虚拟内存的操作系统和用户应用。

· R 系列：基于 V7R 的称为 Cortex-R 系列，主要针对实时系统。

· M 系列：基于 V7M 的称为 Cortex-M 系列，主要针对微控制器。常见的 Cortex-M 处理器有 Cortex-M0、Cortex-M3。

由图 1-6 可知，ARM7TDMI、ARM920T 属于 ARMV4/V4T 体系，ARM926、ARM946、ARM966 属于 ARMV5/V5E 体系，ARM1136、ARM1176、ARM Cortex-M0、ARM Cortex-M1 属于 ARMV6 体系，Cortex-A8、Cortex-R4、Cortex-M3 属于 ARMV7 体系。

表 1-1 为部分 ARM 处理器对比表，表 1-2 为以 Cortex-M 为核的微控制器系列产品。

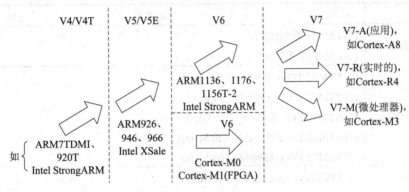

图 1-6　ARM 重要体系的发展

表 1-1　部分 ARM 处理器对比

内部资源/ARM 处理器	ARM7TDMI	Cortex-M0	Cortex-M3	Cortex-M4
架构版本	V4T	V6-M	V7-M	V7-ME
指令集	ARM，Thumb	Thumb，Thumb-2 系统指令	Thumb+Thumb-2	Thumb+Thumb-2，DSP，SIMD，FP
DMIPS 系统 /MHz	0.72(Thumb) 0.95(ARM)	0.95	1.25	1.25
总线接口	无	1	3	3
集成终端控制器	否	是	是	是
中断个数	2(IRQ 和 FIQ)	32+NMI	240+NMI	240+NMI
中断优先级	无	4	8～256	8～256
断点	2	4，2	8，2	8，2
内存保护单元 (MPU)	否	否	是(选择权)	是(选择权)
集成跟踪模块 (MTU)	是(选择权)	否	是(选择权)	是(选择权)
单周期乘法	否	是(选择权)	是	是
硬件除法	否	否	是	是

续表

内部资源/ARM 处理器	ARM7TDMI	Cortex-M0	Cortex-M3	Cortex-M4
唤醒中断控制器	否	否	是	是
位带	否	否	是	是
单周期 DSP/SIMD	否	否	否	是
浮点单元	否	否	否	是
总线	AHB 总线包装器	AHB 标准版	AHB 标准版，APB	AHB 标准版，APB

表 1-2 以 Cortex-M 为核的微控制器系列产品

厂家	产品系列
德州仪器	(1) LM3Sx 系列(M3)； (2) LM4Fxx 系列(M4)
意法半导体	(1) STM32 FOxx 系列(MO 48 MHz)； (2) STM32 L.xx 系列(M3 32 MHz)； (3) STM32 Flxx 系列(M3 72 MHz)； (4) STM32 F2xx 系列(M3 120 MHz)； (5) STM32 F4xx 系列(M4 168 MHz)
NXP	(1) LPCI1xx、LPCI2xx 系列(MO)； (2) LPCI3xx、LPC17xx、LPC18xx 系列(M3)； (3) LPC43xx 系列(M4)
飞思卡尔	(1) Kinetis L 系列(MO+)； (2) Kinetis X 系列、K 系列(M4)
Atmel	(1) SAM3S/U/N 系列(M3)； (2) SAM4S 系列(M4)； (3) SAM7xx 系列(ARM7)； (4) ARM9xxx 系列(ARM9)
英飞凌	XCM4000 系列(M4，是英飞凌第一次推出 ARM 架构的 MCU)

1.4   µC/OS-II 系统

1.4.1   嵌入式系统概述

嵌入式系统是以应用为中心、以计算机为基础，软硬件可裁剪，应用系统对功能、成本、体积、可靠性、功耗有严格要求的计算机系统。常用的嵌入式系统介绍如下。

1. VxWorks

VxWorks 操作系统是美国 WindRiver 公司(风河公司)于 1983 年设计开发的一种嵌入式实时操作系统(RTOS)，是嵌入式开发环境的关键组成部分。它具有良好的持续发展能力、高性能的内核以及友好的用户开发环境，在嵌入式实时操作系统领域占据一席之地。

VxWorks 是传统嵌入式操作系统中的佼佼者，特别是在通信、国防和工业控制领域具有较强的优势。VxWorks 完全可以满足硬件实时性的要求，这点优于 Linux 和 WinCE，其设备管理和驱动也简练、高效。VxWorks 系统的配置灵活，其代码尺寸相较于 WinCE 和 Linux 要小得多，适合更低配置和成本要求高的嵌入式设备。VxWorks 的网络功能强大，风河公司和第三方都有大量的网络协议和应用软件支撑。

但是 VxWorks 在消费电子和手持移动设备方面的应用比微软操作系统甚至 Linux 的都相对少得多，主要是其 API 和图形系统并不标准和普及，而且 VxWorks 平台的开发需要授权，加上以版税的方式收取费用严重地限制了其广泛应用。虽然在过去几年风河公司改变了商业模式，如以收取年费的方式取代版税方式，但是大部分开发人员已经习惯使用 Liunx 和 WinCE 了。

2. QNX

Gordon Bell 和 Dan Dodge 在 1980 年成立了 Quantum Software Systems 公司。他们根据大学时代的一些设想编写出了一个能在 IBM PC 上运行的名为 QUNIX(Quick UNIX)的系统，后改名为 QNX。

QNX 是一种商用的、遵从 POSIX 规范的、类 UNIX 的实时操作系统，其目标市场主要是面向嵌入式系统。它可能是最成功的微内核操作系统之一。

3. WinCE

Windows CE(WinCE)是微软公司嵌入式移动计算平台的基础，它是一个开放的、可升级的 32 位嵌入式操作系统，是基于掌上型电脑的电子设备操作系统，是精简的 Windows 95。WinCE 的图形用户界面相当出色。

WinCE 具有层次化和模块化的体系结构。WinCE 分为硬件层、OEM(委托制造)、操作系统和应用软件四个清晰的层次，硬件层(即 WinCE)可以支持不同的微处理器和外设，如 x86、ARM、XScale 等。

WinCE 是微内核操作系统，只在内核里面实现一些基本服务，如进程调度、进程间通信和中断处理等，其他的服务和功能都放在内核外。显然，微内核的好处是易于移植到不同的处理器和硬件平台，内核外的服务(如设备驱动和文件管理模块)运行在不同的地址空间，相较于整个系统都是平板结构的实时内核(μC/OS-II、nucleus、threadx)，这样更加安全和可靠。微内核的核心也非常小巧，一般几千字节到几十千字节。但是微内核系统因为要经常在内核态和用户态之间转换，所以系统的某些性能和实时响应能力可能要比平板结构的实时内核要低(不同的性能指标取决于不同的微内核系统的设计)。

WinCE 是一个基于抢占的多线程操作系统。在线程级，WinCE 可以实现类似任务的调度、通信、同步功能。为了支持可以抢占的硬实时调度，WinCE 已经实现了优先级反转机制(Priority Inversion)。

4. μCLinux

μCLinux 表示 micro-control Linux，即“微控制器领域中的 Linux 系统”，是 Lineo 公司的主打产品，同时也是开放源代码的嵌入式 Linux 的典范之作。μCLinux 主要是针对目标处理器没有存储管理单元(Memory Management Unit，MMU)的嵌入式系统而设计的，已经被成功地移植到了很多平台上。由于没有 MMU，其多任务的实现需要一定的技巧。

5. Linux

Linux 是一种自由和开放源码的类 UNIX 操作系统，且有许多不同的版本，但它们都使用了 Linux 内核。Linux 可安装在各种计算机硬件设备中，如手机、平板电脑、路由器、视频游戏控制台、台式计算机、大型机和超级计算机。Linux 是一个领先的操作系统，世界上运算最快的 10 台超级计算机使用的都是 Linux 操作系统。严格来讲，Linux 这个词本身只表示 Linux 内核，但实际上人们已经习惯了用 Linux 来形容整个基于 Linux 内核，并且使用 GNU 工程中各种工具和数据库的操作系统。

6. μC/OS-II

μC/OS-II 是一种公开源代码、结构小巧且具有可剥夺实时内核的实时操作系统，商业应用需要付费。μC/OS-II 的前身是 μC/OS。用户只要有标准的 ANSI 的 C 交叉编译器、汇编器、连接器等软件工具，就可以将 μC/OS-II 嵌入到开发的产品中。μC/OS-II 具有执行效率高、占用空间小、实时性能优良和可扩展性强等特点，最小内核可编译至 2 KB。μC/OS-II 已经移植到了几乎所有知名的 CPU 上。

μC/OS-II 的目标是实现一个基于优先级调度的、抢占式的实时内核，并在这个内核之上提供最基本的系统服务，如信号量、邮箱、消息队列、内存管理、中断管理等。

1.4.2　μC/OS-II 操作系统概述

严格地说，μC/OS-II 只是一个实时操作系统内核，它仅仅包含了任务调度、任务管理、时间管理、内存管理和任务间的通信与同步等基本功能，没有提供 I/O 管理、文件系统、网络等额外的服务。但由于 μC/OS-II 良好的可扩展性和源码开放，这些非必需的功能完全可以由用户自己根据需要分别实现。

μC/OS-II 的任务调度是按抢占式多任务系统设计的，即它总是执行处于就绪条件下优先级最高的任务。为了简化系统的设计，μC/OS-II 规定所有任务的优先级必须不同，任务的优先级同时也唯一地标志了该任务。即使两个任务的重要性是相同的，它们也必须有优先级上的差异，这也就意味着高优先级的任务在处理完成后必须进入等待或挂起状态，否则低优先级的任务永远也不能执行。系统通过两种方法进行任务调度：一是时钟节拍或其他硬件中断到来后，系统会调用 OSIntCrxSw()执行切换功能；二是任务主动进入挂起或等待状态，这时系统通过软中断命令或依靠处理器执行陷阱指令来完成任务切换，中断服务例程或陷阱处理程序的向量地址必须指向函数 OSCtxSw()。

μC/OS-II 最多可以管理 64 个任务，这些任务通常都是一个无限循环的函数。在目前的版本中，有优先级为 0、1、2、3、OS_LOWEST_PRIO-3、OS_LOWEST_PRIO-2、OS_LOWEST_PRIO-1、OS_LOWEST_PRIO 的任务，用户可以同时拥有 56 个任务。系统初始管理会自动产生两个任务：一是空闲任务 OSTaskIdle()，它的优先级最低，为 OS_LOWEST_PRIO，该任务只是不停地给一个 32 位的整型变量加一；另一个是统计任务 OSTaskStat()，它的优先级为 OS_LOWEST_PRIO-1，该任务每秒运行一次，负责计算当前

CPU 的利用率。

μC/OS-II 要求用户提供一个称为时钟节拍的定时中断，该中断每秒发生 10～100 次。时钟节拍的实际频率是由用户控制的，任务申请延时或超时控制的计时基准就是该时钟节拍。该时钟节拍同时还是任务调度的时间基准。μC/OS-II 提供了与时钟节拍相关的系统服务，允许任务延时一定数量的时钟节拍或按时分秒、毫秒进行延时。

对于一个多任务操作系统来说，任务间的通信与同步是必不可少的。μC/OS-II 提供了四种同步对象，分别是信号量、邮箱、消息队列和事件。通过邮箱和消息队列还可以进行任务间的通信。所有的同步对象都有相应的创建、等待、发送的函数，但这些对象一旦创建就不能删除，所以要避免创建过多的同步对象，以节约系统资源。

为了消除多次动态分配与释放内存所引起的内存碎片，μC/OS-II 把连续的大块内存按分区来管理。每个分区中都包含大小相同的内存块，但不同分区之间内存块的大小可以不同。用户需要动态分配内存时，选择一个适当的分区，按块来分配内存；释放内存时，将该块放回它以前所属的分区，这样就能有效解决内存碎片的问题。

1.4.3 μC/OS-II 操作系统任务管理

μC/OS-II 中最多可以支持 64 个任务，分别对应优先级 0～63，其中 0 为最高优先级，63 为最低优先级，系统保留了 4 个最高优先级的任务和 4 个最低优先级的任务，所有用户可以使用的任务数有 56 个。

μC/OS-II 提供了任务管理的各种函数调用，包括创建任务、删除任务、改变任务的优先级、挂起和恢复任务等。

1. 创建任务

用户必须先创建任务，才能让 μC/OS-II 来管理用户的任务。可以通过传递任务函数地址和其他参数到以下两个函数之一来创建任务：OSTaskCreate()或 OSTaskCreateExt()，OSTaskCreateExt()是 OSTaskCreate()的扩展版本，提供了一些附加功能。任务可以在调度前建立，也可以在其他任务的执行过程中建立，但是在开始多任务调度前，用户必须建立至少一个任务。任务不能由中断服务程序来建立。

2. 删除任务

删除任务就是创建任务的一个逆过程。删除任务是将任务返回到休眠状态，并不是删除任务的代码，只是任务不再被 μC/OS-II 调用。通过调用 OSTaskDel()可以完成删除任务的功能。OSTaskDel()首先确保所要删除的任务并非空闲任务，接着确保不是在中断服务程序中删除任务，并且该任务是确实存在的。一旦所有条件满足后，该任务的 OS_TCB 将会从所有可能的 μC/OS-II 的数据结构中移去。需要指出的是，μC/OS-II 支持任务的自我删除，只要指定参数为 OS_PRIG_SELF 即可。

3. 改变任务的优先级

用户创建任务时，会分配给任务一个优先级。在程序运行期间，用户可以通过调用 OSTaskChangePrio()来改变任务的优先级，即 μC/OS-II 允许用户动态地改变任务的优先级。

4. 挂起任务

挂起任务是一个附加的功能，不过它会使系统具有更大的灵活性。挂起任务是通过 OSTaskSuspend()函数来完成的，被挂起的任务只能通过调用 OSTaskResume()函数来恢复。如果任务被挂起的同时已经在等待事件的发生或延时期满，则这个任务再次进入就绪状态就需要两个条件：事件的发生或延时期满和其他任务的唤醒。任务可以挂起除空闲任务外的所有任务，包括任务本身。

5. 恢复任务

OSTaskResume()用于恢复被 OSTaskSuspend()挂起的任务。OSTaskResume()的首要工作也是检查所要恢复任务的合法性，然后通过清除 OSTCBStat 域中的 OS_STAT_SUSPEND 位来取消挂起。要设置任务为就绪状态，还必须检查 OSTCBDly 的值，这是因为在 OSTCBStat 中没有任何标志表明任务正在等待延时期满。只有当以上两个条件都满足时，任务才处于就绪状态。最后，任务调度程序会检查被恢复任务的优先级是否比调用本函数任务的优先级高，以此来决定是否需要调度。

1.4.4　μC/OS-II 操作系统时间管理

μC/OS-II 提供了若干个时间管理服务函数，可以满足任务在运行过程中对时间管理的需求。在使用时间管理服务函数时，必须十分清楚一个事实：时间管理服务函数是以系统节拍为处理单位的，实际的时间与希望的时间是有误差的，最坏的情况下误差接近一个系统节拍。因此时间管理服务函数只能用在对时间精度要求不高的场合，或者时间间隔较长的场合。

在 μC/OS-II 中，时间管理主要将任务进行延时，进入等待状态，以及取消延时，结束等待。下面按节拍延时函数、时分秒延时函数、恢复延时函数、系统时间的获取与设定来逐一介绍。

1. 节拍延时函数

μC/OS-II 系统服务的特点是，申请该服务的任务可以延时一段时间，这段时间的长短是由时钟节拍的数目来确定的。实现这个系统服务的函数是 OSTimeDly()，调用该函数会使 μC/OS-II 进行一次任务调度，并且执行下一个优先级最高的就绪状态任务。任务调用 OSTimeDly()后，一旦规定的时间期满或有其他任务通过调用 OSTimeDlyResume()取消了延时，它就会马上进入就绪状态。注意，只有当该任务在所有就绪任务中具有最高的优先级时，它才会立即运行。该函数如下：

```
void OSTimeDly(INT16U ticks)
{
    if (ticks>0){

        OS_ENTER_CRITICAL();
        if ((OSRdyTbI[OSTCBCur->OSTCBY]&=~OSTCBCur->OSTCBBiX) == 0){
            OSRdyGrp&=~OSTCBCur->OSTCBBitY;
```

```
        }
        OSTCBCur->OSTCBDly = ticks;
        OS_EXIT_CRITICAL();
        OSSched();
    }
}
```

2. 时分秒延时函数

OSTimeDlyHMSM()与 OSTimeDly()一样，也是一个延时函数，但 OSTimeDlyHMSM()函数可以按小时、分、秒和毫秒来定义时间，而 OSTimeDly()需要知道延时时间对应的时钟节拍的数目。调用 OSTimeDlyHMSM()函数同样会使 μC/OS-II 进行一次任务调度，并且执行下一个优先级最高的就绪状态任务。任务调用 OSTimeDlyHMSM()后，一旦规定的时间期满或有其他任务通过调用 OSTimeDlyResume()取消了延时，它立刻处于就绪状态。同样，只有当该任务在所有就绪状态任务中具有最高的优先级时，它才会立即运行。该函数如下：

```
INT8U OSTimeDlyHMSM (INT8U hours, INT8U minutes, INT8U seconds, INT16U milli)
{
    INT32U ticks;
    INT16U loops;

    if (hours>0 | minutes>0 | seconds>0 ){
        if (minutes> 59){
            return(OS_TIME_INVALID_MINUTES);
        }
        if (seconds > 59){
            return(OS_TIME_INVALID_SECONDS);
        }
        if (milli > 999){
            return(OS_TIME_INVALID_MILLI);
        }
        ticks = (INT32U)hours*3600L*OS_TICKS_PER_SEC
                +(INT32U)minutes*60L*OS_TICKS_PER_SEC
                +(INT32U)seconds*OS_TICKS_PER_SEC
                +OS_TICKS_PER_SEC*((INT32U)milli
                +500L/OS_TICKS_PER_SEC)/1000L;
        loops = ticks/65536L;
        ticks = ticks%65536L;
        OSTimeDly(ticks);
        while (loops > 0){
```

```
            OSTimeDly(32768);
            OSTimeDly(32768);
            loops--;
        }
        return(OS_NO_ERR);
    }else{
        return(OS_TIME_ZERO_DLY);
    }
}
```

3. 恢复延时函数

μC/OS-II 允许用户结束正处于延时时期的任务。延时的任务可以不用等待延时期满，而是通过其他任务取消延时来使自己处于就绪状态，这可以通过调用 **OSTimeDlyResume()** 和指定要恢复任务的优先级来实现。该函数具体如下：

```
    INT8U OSTimeDlyResume (INT8U prio)
    {
        OS_TCB*ptcb;

        if (prio >= OS_LOWEST_PRIO){
            return(OS_PRIO_INVALID);
        }
        OS_ENTER_CRITICAL();
        ptcb = (OS_TCB*)OSTCBPrioTbl[prio];
        if (ptcb != (OS_TCB*)0){
            if (ptcb ->OS_TCBDIy!=0){
                ptcb->OS_TCBDly=0;
                if (!(ptcb->OS_TCBStat & OS_STAT_SUSPEND)){
                    OS_RdyGrp |= ptcb->OS_TCBBitY;
                    OS_RdyTbl[ptcb->OS_TCBY] |= ptcb->OS_TCBBitX;
                    OS_EXIT_CRITICAL();
                    OS_Sched();
                }else{
                    OS_EXIT_CRITICAL();
                }
                    return(OS_NO_ERR);
            }else{
                OS_EXIT_CRITICAL();
                return(OS_TIME_NOT_DLY);
            }
```

```
        }else{
            OS_EXIT_CRITICAL();
            return(OS_TASK_NOT_EXIST);
        }
    }
```

4. 系统时间的获取与设定

μC/OS-II 的时间管理是通过定时中断来实现的，该定时中断一般为 10 ms 或 100 ms 发生一次，中断频率取决于用户对硬件系统定时器的编程。中断发生的时间间隔是固定不变的，该中断也称为一个时钟节拍。μC/OS-II 要求用户在定时中断的服务程序中，调用系统提供的与时钟节拍相关的系统函数，例如中断级的任务切换函数、系统时间函数。

1.4.5　μC/OS-II 操作系统移植

所谓移植，就是使一个实时内核能在某个微处理器或微控制器上运行。移植分为处理器移植和编译器移植两种。处理器移植是把 μC/OS-II 移植到不同的处理器上，使其能够在不同的目标平台上运行；编译器移植则是使 μC/OS-II 符合目标编译器的语法规则，从而让用户获得编译后的目标代码。编译器移植的出现主要是因为同一种处理器可能会存在多种编译工具(如 LAR 和 ADS)，每种编译工具的语法规则可能稍有不同，这些不同直接影响了 μC/OS-II 源码在不同编译工具下的通用性。

编译器移植相对简单，通常所说的移植是指处理器移植。

1. 移植条件

(1) 处理器的 C 编译器能产生可重入代码。

可重入代码指的是一段代码(如一个函数)可以被多个任务同时调用，而不必担心数据被破坏。也就是说，可重入型函数在任何时候都可以被中断，函数中的数据不会因为在函数中断时被其他的任务重新调用而受到影响，且中断过后，又可以继续运行。

(2) 用 C 语言就可以打开或关闭中断。

在 μC/OS-II 中，可以通过 OS_ENTER_CRITICAL()或 OS_EXIT_CRITICAL()宏来控制系统关闭或打开中断，这需要处理器的支持。

(3) 处理器支持中断并能产生定时中断(通常在 10 Hz～100 Hz)。

μC/OS-II 是通过处理器产生的定时器中断来实现多任务之间的调度的。

(4) 处理器支持对 CPU 相关寄存器进行堆栈操作的指令。

在 μC/OS-II 进行任务调度时，会把当前任务的 CPU 寄存器存放到此任务的堆栈中，然后再从另一个任务的堆栈中恢复原来的工作寄存器，继续运行另一个任务。所以，寄存器的入栈和出栈是 μC/OS-II 多任务调度的基础。

2. 移植步骤

在选定了系统平台和开发工具后，进行 μC/OS-II 的移植工作一般需要遵循以下 5 个步骤：

(1) 深入了解所采用的系统核心；

(2) 分析所采用的 C 语言开发工具的特点；

(3) 编写移植代码；

(4) 进行移植的测试；

(5) 针对项目的开发平台封装服务函数。

移植步骤具体介绍如下：

(1) 建立一个最基本的包含 μC/OS-II 的工程。

(2)～(4)依次实现 OS_CPU.H、OS_CPU.C 和 OS_CPU_A.ASM 文件，这 3 个文件的完成意味着主要的移植工作已经结束，剩下的任务就是测试移植是否成功。

(5) 编写 μC/OS-II 启动相关的代码并建立相关的应用任务，为 μC/OS-II 的测试做好准备。

(6) 编译整个系统，对不符合编译器语法规则的语句进行修改，完成编译器移植，并得到可执行代码。

(7) 运行 μC/OS-II。

为了保证可移植性，程序中没有直接使用 C 语言中的 short、int 和 long 等数据类型，因为它们与处理器类型有关，隐含着不可移植性，程序中自己定义了一套数据类型。在 STM32 处理器及 keil MDK 或 IAR 编译环境中，可以通过查手册得知 short 类型是 16 位的，而 int 类型是 32 位的，这与 Cortex-M3 内核是一致的，因此这部分代码无须修改。尽管 μC/OS-II 定义了 float 类型和 double 类型，但为了方便移植，它们在 μC/OS-II 源代码中并未使用。为了方便使用堆栈，μC/OS-II 定义了一个堆栈数据类型。在 Cortex-M3 中，寄存器为 32 位的，故定义堆栈的单位数据长度也为 32 位。定义 OS_CPU_SR 主要是为了在进出临界代码段保存状态寄存器。

1.4.6　μC/OS-II 操作系统运行步骤

μC/OS-II v2.52 的源代码按照移植要求，分为需要修改部分和不需要修改部分。其中，需要修改源代码的文件包括头文件 OS_CPU.H、C 语言文件 OS_CPU.C 以及汇编格式文件 OS_CPU_A.ASM。

(1) 修改头文件 OS_CPU.H。

头文件 OS_CPU.H 中需要修改的内容有与编译器相关的数据类型重定义部分和与处理器相关的少量代码。由于移植过程中使用的是 IAR 编译器，因此通过查阅此编译器的相关说明文档可以得到其所支持的基本数据类型，并据此修改 OS_CPU.H 中与编译器相关的数据类型的重定义部分。

(2) 修改 C 语言文件 OS_CPU.C。

根据 micrium 公司提供的参考手册可知，文件 OS_CPU.C 中有 10 个 C 语言函数需要编写。这些函数中唯一必要的函数是 OSTaskStkInit，其他 9 个函数必须声明，但不一定要包含任何代码。为了简洁起见，本移植过程只用到了 OSTaskStkInit，此函数的作用是把任务堆栈初始化成好像刚发生过中断。要初始化堆栈，首先必须了解微处理器在中断发生前后的堆栈结构。根据 micrium 公司提供的参考手册易知，微处理器在中断发生前后的堆栈结构，并且可知寄存器 xPSR、PC、LR、R12、R3、R2、R1、R0 在中断时是由硬件自动保存的。初始化时需要注意的是 xPSR、PC 和 LR 的初值，而对于其他寄存器的初值则没有特别的要求。

(3) 修改汇编语言文件 OS_CPU_A.ASM。

汇编文件 OS_CPU_A.ASM 中需要编写的函数分别为 OSStartHighRdy、OSCtxSw、OSIntCtxSw 和 OSTickISR。第一个函数的作用是启动多任务调度，此函数只在操作系统开始调度任务前执行一次，以后不再调用。按照 micrium 公司提供的参考手册中所述，应将堆栈中的寄存器依次弹出，然后执行返回指令开始第一个用户任务的调度。但基于 Cortex-M3 核的 ARM 处理器在执行中断返回指令时必须处于处理模式下，否则将会引起内存访问异常。当系统上电启动时或程序重置后，处理器会进入线程模式。而要在函数 OSStartHighRdy 中执行中断返回指令首先需要进行模式转换，进入处理模式。进行同步可控制模式转换的途径是超级用户调用，即通过 SVC 指令产生软件中断可转换到处理模式。实际上，考虑到此函数只在启动多任务调度开始前被调用一次，并且第一次调度任务运行时任务堆栈中除了 xPSR、PC 和 LR 的初值以外，其他寄存器的初值无关紧要，因此若想要简化该函数的编写，只需从第一个任务的堆栈中取出该任务的首地址，然后修改堆栈指针使其指向任务堆栈中内存地址的最高处，即相当于抛弃任务堆栈中的所有数据。最后，根据取出的地址直接跳转到任务入口地址处开始执行，这样可以免去软件中断和模式切换，从而简化了对此函数的编写。需要说明的是，在抛弃任务堆栈中所有数据的同时也将 xPSR 的初值抛弃了，但这并不影响第一个任务投入运行，因为在跳转到第一个任务运行之前，指令流是在 Thumb 状态下正常执行的，xPSR 已经有了确定的值。

本 章 小 结

本章简要概述了单片微型处理器、嵌入式系统、ARM 处理器和 μC/OS-II 操作系统，详细讨论了 μC/OS-II 操作系统的任务管理、μC/OS-II 操作系统的时间管理和 μC/OS-II 操作系统的移植，并对 μC/OS-II 操作系统的运行进行了详细的阐述。

第 2 章　STM32 体系结构

2.1　微处理器核结构

2.1.1　核结构

ARM Cortex-M3 是一款高效能、低功耗、低成本的处理器。Cortex-M 是爱特梅尔公司发布的全新 Atmel® SAM D20 微控制器，采用的是全球微控制器标准。Cortex-M 系列又分为 Cortex-M0、Cortex-M3、Cortex-M4、Cortex-M7 等架构。

ARM Cortex-M3 的内核 Cortex-M3 是一个 32 位处理器内核，其内部的数据路径、寄存器、存储器接口均为 32 位。Cortex-M3 采用了哈佛结构，拥有独立的指令总线和控制总线，这一特征使得取指令与数据访问并行运行。这样一来，由于数据访问不再占用指令总线，便提升了 Cortex-M3 的性能。为了实现这个特征，Cortex-M3 内部包含了多条总线接口，每条都为其应用场合进行过优化，并且它们能够并行工作。但是另一方面，指令总线和数据总线是共享同一个存储器空间(一个统一的存储器系统)的，换句话说，并不会因为有两条总线，就使其寻址空间变为 8 GB。

目前大多数的现代处理器都采用了指令预取和流水线技术，为此，ARM Cortex-M3 加入了分支预测部件，即处理器从存储器预取指令，当遇到分支指令时，能够自动预测是否会发生跳转，然后再从预测的方向进行取指，从而提供给流水线连续的指令流，流水线就可以不断地执行有效指令，继而保证了其性能的发挥。

ARM Cortex-M3 的结构主要包括一个处理器核、嵌套向量中断控制器(NVIC)、多个高性能总线接口以及一个可选的存储器保护单元(MPU)。Cortex-M3 处理器系统方框图如图 2-1 所示。

针对 ARM 处理器中断响应的问题，Cortex-M3 首次在内核上集成了 NVIC。Cortex-M3 的中断延迟只有 12 个时钟周期(ARMV4 需要 24～42 个周期)；Cortex-M3 还使用了尾链技术，使得背靠背中断响应只需要 6 个时钟周期(ARMV4 需要大于 30 个周期)，这大大提高了效率。与此同时，Cortex-M3 采用了基于栈的异常模式，从而大大缩小了芯片的物理尺寸。

Cortex-M3 处理器内核是嵌入式微控制器的中央处理单元。然而，完整的基于 Cortex-M3 的微控制器还需要很多的其他部件，如图 2-2 所示。芯片制造商得到 Cortex-M3 处理器内核 IP 的使用授权后，便可以将 Cortex-M3 用在自己的芯片设计中，并添加存储器、外设、I/O 及其他功能模块。不同的厂家设计出的微控制器会有其特色的配置，包括存储器容量、类型、外设等。

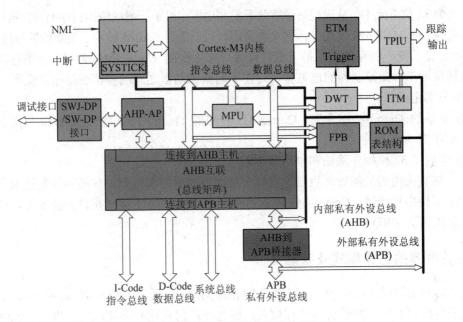

图 2-1　Cortex-M3 处理器系统方框图

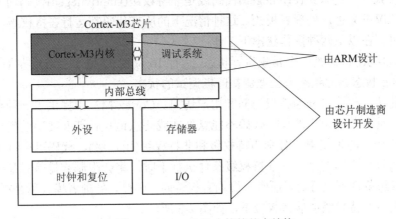

图 2-2　Cortex-M3 内核的基本结构

Cortex-M3 具有以下特点：

(1) 内核是 ARMV7-M 体系结构。

(2) 哈佛结构。哈佛结构的处理器采用了独立的指令总线和数据总线，可以同时进行取指令和数据读/写操作，从而提高了处理器的运行性能。

(3) 内核支持低功耗模式。Cortex-M3 加入了类似于 8 位单片机的内核低功耗模式，支持 3 种功耗管理模式，即睡眠模式、停止模式和待机模式，这使得整个芯片的功耗控制变得更加高效。

(4) 引入了分组堆栈指针机制，把系统程序使用的堆栈和用户程序使用的堆栈分开。若再配上可选的 MPU，该处理器就可以满足对软件健壮性和可靠性有严格要求的应用。

(5) 支持非对齐的数据访问，Cortex-M3 的一个字节为 32 位，但是它却可以访问存储在一个 32 位单元中的字节/半字类型数据，这样 4 个字节类型或 2 个半字类型数据可以被分配在一个 32 位单元中，从而提高了存储器的利用率。对于一般的应用程序而言，这种技术可以节省约 25%的 SRAM 使用量，因此在应用时可以选择 SARM 较小、更廉价的微控制器。

(6) 定义了统一的存储器映射。这使得各厂家生产的 Cortex-M3 拥有一致的存储器映射，也使得用户对微控制器的选型和代码在不同微控制器之间的移植变得非常便利。

(7) 位绑定操作。

(8) 高效的 Thumb-2 指令集。Cortex-M3 使用的 Thumb 指令是一种 16/32 位混合编码指令，兼容 Thumb 指令。

(9) 采取了 32 位硬件除法和单周期乘法。

(10) 拥有先进的故障处理机制。支持多种类型的异常和故障，使故障诊断更为容易。

(11) 支持串行调试。Cortex-M3 在保持 ARMV7 的 JTAG 调试接口的基础上，还支持串行单总线调试 SWD。

2.1.2 处理器的工作模式及状态

处理器的工作模式有两种：线程模式(Thread Mode)和处理者模式(Handler mode)。当处理器处于复位状态时，默认进入线程模式；而当处理器返回异常情况时，也会进入线程模式。在线程模式下，特权级(Privileged)代码或是非特权级(Unprivileged)代码均可运行。处理器在异常情况下会进入处理者模式，这种情况下的所有代码都运行在特权级。

处理器可以在以下两种操作状态下工作：

(1) Thumb 状态。这是一个常规执行状态，运行 16 位和 32 位半字节对齐 Thumb 指令。

(2) Debug 状态。此状态为处理器在停机调试的状态。

处理器的访问模式可分为特权访问和用户访问。Cortex-M3 中提供了一种存储器访问的保护机制，使得普通用户的程序代码不能意外地或恶意地执行涉及要害的操作，因此处理器为程序赋予了两种权限，分别为特权级和非特权级(用户级)，代码可在特权级和非特权级条件下执行。不同的是，在非特权级条件执行下时，将会限制或排除对某些资源的访问；而在特权级条件下执行时，所有资源均有权访问。因此，处理者模式总是在特权级下，而线程模式则可在特权级或非特权级下，如图 2-3 所示。

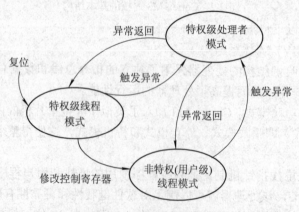

图 2-3 工作模式转换图

事实上，从非特权(用户级)到特权级的唯一途径就是异常，如果在程序执行过程中触发了一个异常，则处理器会切换进入特权级，并且在异常服务例程执行完毕退出时返回先前的状态，也可以手工指定返回的状态。

通过引入特权级和非特权(用户级)，就能够在硬件上限制某些不受信任的或尚未调试好的程序，禁止它们随意地配置重要的寄存器，因而系统的可靠性得到了提高。如果配置了 MPU，它还可以作为特权机制的补充，即能够保护关键的存储区域不被破坏，这些区域通常是操作系统的区域。在操作系统开启了一个用户程序后，通常都会让它在用户级下执行，从而使系统不会因某个程序的崩溃或恶意破坏而受损。

处理器正常工作时，系统进入 Thumb 状态。Thumb 状态是有 16 位和 32 位半字对齐的 Thumb 和 Thumb-2 指令的正常执行状态。当处理器调试时，系统进入调试状态。

2.1.3　寄存器

ARM Cortex-M3 处理器有 15 个 32 位寄存器，寄存器集如表 2-1 所示。

表 2-1　ARM Cortex-M3 处理器寄存器集

寄存器	类　　别	组别
R0	通用寄存器	低组寄存器
R1	通用寄存器	
R2	通用寄存器	
R3	通用寄存器	
R4	通用寄存器	
R5	通用寄存器	
R6	通用寄存器	
R7	通用寄存器	
R8	通用寄存器	高组寄存器
R9	通用寄存器	
R10	通用寄存器	
R11	通用寄存器	
R12	通用寄存器	
R13(MSP、PSP)	主堆栈指针(MSP) 进程堆栈指针(PSP)	
R14	链接寄存器(LR)	
R15	程序计数器(PC)	

其中有：

(1) 13 个 32 位的通用寄存器：R0～R12；

(2) 3 个特殊功能寄存器：R13～R15(表 2-2 为其功能定义，图 2-4 为其功能描述)。

① 两个分段堆栈指针寄存器：堆栈指针 SP，即 R13，包含了两个堆栈指针(进程堆栈

指针和主堆栈指针);

 ② 链接寄存器(LR)：R14;

 ③ 程序计数器(PC)：R15;

另外，还有 3 类特殊功能寄存器：

 ① 程序状态寄存器(xPSR);

 ② 异常的寄存器(PRIMASK、FAULTMASK、BASEPRI);

 ③ 控制寄存器(CONTROL)。

表 2-2　特殊功能寄存器的功能定义

寄存器	功　能
xPSR	记录 ALU 标志(0 标志，进位标志，负数标志，溢出标志)、执行标志以及当前正服务的中断号
PRIMASK	该寄存器只有 1 位；被置 1 后，所有可屏蔽的异常被关掉，有不可屏蔽中断(NMI)和硬错误可以响应；默认值是 0，表示没有关中断
FAULTMASK	寄存器只有 1 位；被置 1 时，只有不可屏蔽中断(NMI)才能响应，所有其他的异常(包括硬错误)都被关闭；默认值是 0，表示没有关异常
BASEPRI	该寄存器最多有 9 位(由表达优先级的位数决定)，定义了被屏蔽优先级的阈值。当它被设成某个值后，所有优先级号大于等于此值的中断都被关闭(优先级号越大，优先级越低)；若被设成 0，则不关闭任何中断；0 是其默认值
CONTROL	定义特权状态，并且决定使用哪一个堆栈指针

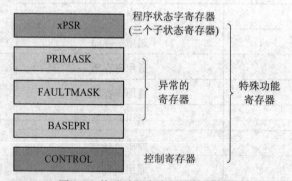

图 2-4　特殊功能寄存器的功能描述

1. 通用寄存器

 R0～R12 为通用寄存器，它们的字长都是 32 位。绝大多数的指令都可以指定通用寄存器 R0～R12，因此它们是兼容性最高的一类寄存器。

 (1) R0～R7：低寄存器，所有指令均可访问。复位后的初始值是随机的。

 (2) R8～R12：高寄存器，所有 32 位 Thumb 指令均可访问，但 16 位 Thumb 指令不可访问。复位后的初始值是随机的。

2. 堆栈指针(SP)

寄存器 R13 用作堆栈指针(Stack Pointer, SP)。由于 SP 忽略写入位[1:0]，堆栈指针的最低两位永远为 0，所以它按照四个字节边界自动对齐一个字。

处理器模式总是使用主堆栈指针，即 SP_main(或者为 MSP)，但是可以配置线程模式使用进程堆栈指针(SP_process，或者为 PSP)或主堆栈指针。

(1) 主堆栈指针：复位后缺省堆栈指针，用于操作系统内核操作和异常处理例程。

(2) 进程堆栈指针：由用户的应用程序代码使用。

在同一时刻，只能看到一个 SP，这就是所谓的 "banked"(影子)寄存器。使用两个堆栈的目的是为了防止用户堆栈的溢出影响系统核心代码(如操作系统内核)的运行。

3. 链接寄存器(LR)

寄存器 R14 是子程序链接寄存器(LR)。当调用子程序时，由 R14 存储返回地址；如果子程序多于 1 级，则需要把前一级的 R14 压入堆栈。当分支和链接(BL)指令或分支和链接交换(BLX)指令执行时，LR 接收来自 PC 的返回地址，即 LR 在调用子程序时用于存储返回地址。同时，LR 也可用于异常返回。

LR 的最低有效位是可读/写的，这是历史遗留的产物，因为在以前，由位 0 来指示 ARM/Thumb 状态。有些 ARM 处理器支持 ARM 和 Thumb 状态并存，为了方便汇编程序移植，所以 Cortex-M3 需要允许最低有效位可读/写。

在其他状态下，可把 R14 当作通用寄存器使用。

4. 程序计数器(PC)

寄存器 R15 是程序计数器(PC)。读 PC 值，返回的是当前指令地址+4；修改它，就可以改变程序的执行流。在分支时，无论直接写 PC，还是使用分支指令，都必须保证加载到 PC 的数值是奇数(即 LSB=1)，用以表明是在 Thumb 状态下执行的。如果为 0，则将产生异常。

R15 寄存器的位[0]始终为 0，因此，指令始终按照字边界或半字边界对齐。

5. 程序状态寄存器(xPSR)

程序状态寄存器在内部可分为 3 个子状态寄存器，如表 2-3 所示。

表 2-3　程序状态寄存器(xPSR)

寄存器	位															
	31	30	29	28	27	26:25	24	23:20	19:16	15:10	9	8	7	6	5	4:0
APSR	N	Z	C	V	Q											
IPSR													异常中断号			
EPSR						ICI/IT	T			ICI/IT						

其中，APSR 为应用程序 PSR；IPSR 为中断号 PSR；EPSR 为执行 PSR。通过 MRS/MSR 指令，这 3 个 PSR 可以单独访问，也可以组合访问，即

$$PSR = APSR + IPSR + EPSR$$

$$IAPSR = IPSR + APSR$$

$$IEPSR = IPSR + EPSR$$

EAPSR = EPSR + APSR

当使用三合一的方式访问时，应使用名字"xPSR"或"PSR"，如表 2-4 所示。

表 2-4　程序状态寄存器(xPSR)的位定义

位	名　称	定　义
[31]	N	负数或小于标志。1：结果为负数或小于；0：结果为正数或大于
[30]	Z	零标志。1：结果为 0；0：结果非 0
[29]	C	进位/借位标志。1：进位或借位；0：无进位或借位
[28]	V	溢出标志。1：溢出；0：无溢出
[27]	Q	饱和状态标志
[26:25] [15:10]	TT	If-Then 位。它是 If-Then 指令的执行状态位，包含 If-Then 模块的指令数目和它的执行条件
	ICI	可中断/可继续指令位
[24]	T	T 位使用一条可相互作用的指令来清零，也可使用异常出栈操作清零。当 T 位为 0 时，执行指令会引起输入异常
[23:16]	—	
[9]	—	
[8:0]	ISR NUMBER	中断号

6. 异常的寄存器

异常的寄存器的功能描述如下：

(1) PRIMASK：1 位寄存器。置位时，允许 NMI 和硬件默认异常，所有其他的中断和异常将被屏蔽。

(2) FAULTMASK：1 位寄存器。置位时，只允许 NMI，所有中断和默认异常处理被忽略。

(3) BASEPRI：9 位寄存器，它定义了屏蔽优先级。置位时，所有同级的或低级的中断被忽略。

7. 控制寄存器

控制寄存器有两个用途，即定义特权级别和选择当前使用的堆栈指针，并由两个位来行使这两个职能，如表 2-5 所示。

表 2-5　控制寄存器

位	功　能
CONTROL[1]	堆栈指针选择。0：选择主堆栈指针(MSP，复位后的缺省值)；1：选择进程堆栈指针(PSP)。 在 handler(处理者)模式/线程模式下，可以使用 PSP；在 handler 模式下，只允许使用 MSP，此时不得往该位写 1
CONTROL[0]	0：特权级的线程模式；1：用户级的线程模式。handler 模式永远都是特权级的

ARM Cortex-M3 寄存器总结如表 2-6 所示。

表 2-6　ARM Cortex-M3 寄存器总结表

寄存器名称	功　能	寄存器名称	功　能
MSP	主堆栈指针	xPSR	APSR、EPSR 和 IPSR 的组合
PSP	进程堆栈指针	PRIMASK	中断屏蔽寄存器
LR	链接寄存器	BASEPRI	可屏蔽等于和低于某个优先级的中断
APSR	应用程序状态寄存器	FAULTMASK	错误屏蔽寄存器
IPSR	中断状态寄存器	CONTROL	控制寄存器
EPSR	执行状态寄存器		

2.1.4　总线接口

ARM Cortex-M3 处理器集成了一个 AMBA AHB-Lite 总线连接系统外设，并使系统集成更为简单化。AMBA 规范主要包括 AHB 系统总线和 APB 外设总线，二者分别适用于高速与相对低速设备的连接。总线矩阵支持不对称的数据访问，使不同的数据类型能够在存储器中无缝衔接(不因数据需要对齐而留出空隙)，可大幅地降低 SRAM 的需求和系统成本。

总线矩阵将处理器、调试接口连接到外部总线。Cortex-M3 的内部结构及总线连接如图 2-5 所示。处理器包含 5 条总线：

(1) I-Code 总线：一条基于 AHB-Lite 总线协议的 32 位总线，负责在 0x00000000～0x1FFFFFFF 之间的取指操作。取指以字的长度执行，对于 16 位指令也如此。因此，CPU 内核可以一次取出两条 16 位 Thumb 指令。

(2) D-Code 总线：一条基于 AHB-Lite 总线协议的 32 位总线，负责在 0x00000000 ～0x1FFFFFFF 之间的数据访问操作。Cortex-M3 支持非对齐访问，但用户不会在该总线上看到任何非对齐的地址，这是因为处理器的总线接口会把非对齐的数据传送转换成对齐的数据传送。因此，连接到 D-Code 总线上的任何设备只需要支持 AHB-Lite 的对齐访问，而不需要支持非对齐访问。

(3) 系统总线：一条基于 AHB-Lite 总线协议的 32 位总线，负责在 0x20000000～0xDFFFFFFF 和 0xE0100000～0xFFFFFFFF 之间的所有数据传送，取指和数据访问都在此总线上完成。和 D-Code 总线一样，所有的数据传送都是对齐的。系统总线用于访问内存和外设，覆盖的区域包括 SRAM、片上外设、片外 RAM、片外扩展设备及系统级存储区的部分空间。

(4) 外部私有外设总线：一条基于 APB 总线协议的 32 位总线，负责 0xE0040000～0xE00FFFFF 之间的私有外设访问。但是，由于此 APB 存储空间的一部分已经被 TPIU、ETM 以及 ROM 表使用，只留下 0xE0042000～E00FF000 这个区间用于配接附加的(私有)外设。

(5) 内部私有外设总线。内部私有外设总线是 AHB 总线，Cortex-M3 处理器内部外设存储空间(0xE0000000～0xE003FFFF)的取数据和调试访问在此总线上完成。该总线用于访问嵌套向量中断控制器(NVIC)、数据观察和触发(DWT)、Flash 修补和断点(FPB)、仪器化跟踪宏单元(ITM)及存储器保护单元(MPU)。

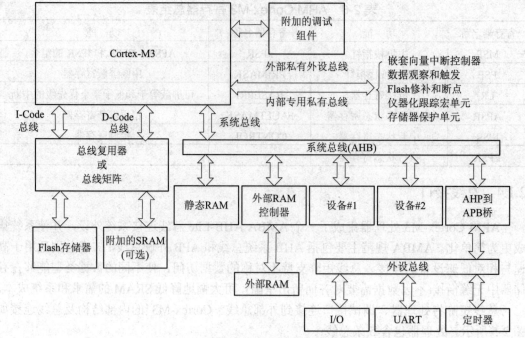

图 2-5   Cortex-M3 的内部结构及总线连接

与此同时，总线接口还控制以下情况：

(1) 不对齐访问。总线矩阵能把不对齐的处理器访问转化为对齐的访问。

(2) 位绑定。总线矩阵能够把位绑定的别名(Alias)访问转换成位绑定的区域访问，并完成如下操作：

① 对位绑定的装载，提取位域；

② 对位绑定的存储，读-修改-写变成原子操作(即多任务的共享资源必须满足一次只有一个任务访问它)；

③ 写缓冲。总线矩阵有一个写缓冲器，使得总线等待脱离处理器内核。

2.2   存 储 器 映 射

2.2.1   存储器格式

ARM 体系结构将存储器看作从地址 0 开始的字节的线性组合。在 0 B～3 B 放置第 1 个存储的字数据；在 4 B～7 B 放置第二个存储的字数据，以此类推。而作为 32 位的微处理器，ARM 体系结构所支持的最大寻址空间为 4 GB。

内存中有两种存储方式：大端格式和小端格式。

(1) 大端格式：字数据的高字节存储在低地址中，而字数据的低字节则存储在高地址中。

(2) 小端格式：低地址中存放字数据的低字节，高地址中存放字数据的高字节。

2.2.2   存储器结构

ROM 和 RAM 都是半导体存储器。系统停止供电时，ROM 中的数据仍可以保持，而

RAM 中的数据则会丢失，典型的 RAM 就是计算机的内存。

　　RAM 有两大类，一种称为静态 RAM (Static RAM，SRAM)。SRAM 的速度非常快，是目前读/写速度最快的存储设备，但同时它的价格也非常高，所以只在要求很苛刻的地方使用，如 CPU 的一级缓存和二级缓存。另一种称为动态 RAM(Dynamic RAM，DRAM)。DRAM 保留数据的时间很短，读/写速度也比 SRAM 的慢，但仍比 ROM 的读/写速度快。

　　ROM 也有很多种，如 PROM、EPROM(可擦除编程 ROM)和 EEPROM(电可擦除可编程 ROM)等。PROM 早期的产品是一次性的，软件下载后就无法修改了；EPROM 可通过紫外线的照射擦除已保存的程序；EEPROM 具有电擦除功能，但其价格高、写入时间长、写入慢。

　　手机软件和通话记录一般在放在 EEPROM 中(因此可以刷机)，但最后一次通话记录在通话时并不保存在 EEPROM 中，而是暂时保存在 SRAM 中。因为当时有很重要的工作(如通话)要做，如果写入 EEPROM，漫长的等待是用户无法忍受的。

　　Flash 存储器又称闪存，它结合了 ROM 和 RAM 的长处，不仅具备电可擦除、可编程(EEPROM 特点)的性能，还不会因断电而丢失数据，同时可以快速读取数据，U 盘和 MP3 中使用的就是这种存储器。近年来，Flash 全面替代了 ROM(EPROM)在嵌入式系统中的地位，用于存储启动装载(Bootloader)、操作系统或程序代码，或者直接当作硬盘来使用(U 盘)。

　　目前 Flash 主要有两种，分别为 NOR Flash 和 NAND Flash。NOR Flash 的读取和常见的 SDRAM 的读取相同，用户可以直接运行装载在 NOR Flash 中的代码，这样可以减少 SRAM 的容量，从而节约了成本；NAND Flash 没有采取内存的随机读取技术，它的读取是以一次读取一块的形式来进行的，通常是一次读取 512 B，采用这种技术的 Flash 比较廉价。

2.2.3　Cortex-M3 存储器的组织

　　Cortex-M3 支持 4 GB 的存储空间，它的存储系统采用统一编址的方式(如图 2-6 所示)；程序存储器、数据存储器、寄存器被组织在 4 GB 的线性地址空间内，以小端格式存放。由于 Cortex-M3 是 32 位的内核，因此其 PC 指针可以指向 $2^{32}=4$ GB 的地址空间，即 0x00000000～0xFFFFFFFF 所指的空间。而 Cortex-M3 内核将(0x00000000～0xFFFFFFFF)这块 4 GB 大小的空间分成 8 大块：代码、SRAM、外设、外部 RAM、外部设备、专用外设总线(内部)、专用外设总线(外部)、特定厂商。这就导致使用该内核的芯片厂家必须按照这个空间进行各自芯片的存储器结构设计。

　　Cortex-M3 预先定义了"粗线条的"存储器映射，通过把片上外设的寄存器映射到外设区，就可以简单地以访问内存的方式来访问这些外设的寄存器，从而控制外设的工作。这种预定义的映射关系也可以对访问速度进行优化，而且使得片上系统的设计更易集成。

　　Cortex-M3 片上 SRAM 区的容量是 0.5 GB，这个区通过系统总线来访问。如图 2-6 所示，在这个区的下部，有一个 1 MB 的区间，被称为"位带(Bit-Band)"(对别名区的访问最终落到对位带区的访问上)。该位带区还有一个对应的 32 MB 的"位带别名(Alias)区"，容纳了 8 MB 个位变量。位带区对应的是最低的 1 MB 地址范围，而位带别名区里面的每个字对应位带区的 1 位。

　　通过位带功能，可以把一个布尔型数据打包在一个单一的字中，从位带别名区中，像访问普通内存一样使用它们。位带别名区中的访问操作是原子(不可分割)的，省去了传统的"读-修改-写"步骤。

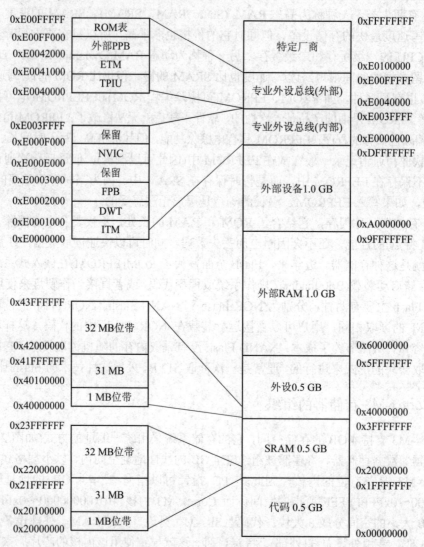

图 2-6　Cortex-M3 存储器的组织

与 SRAM 相邻的 0.5 GB 范围由片上外设的寄存器来使用。这个区中也有一个 32 MB 的位带别名区，以便于快捷地访问外设寄存器，其用法与片上 SRAM 区中位带的用法相同。

剩下的 0.5 GB 区域包括了系统及组件、内部私有外设总线、外部私有外设总线，以及由芯片供应商提供定义的系统外设，数据字节以小端格式存放在存储器中(此处内容图未列出)。两个 1 GB 的范围分别用于连接片外 RAM 和片外外设。

2.2.4　STM32 存储器映射

STM32 的总线结构如下：

(1) 4 个驱动单元：Cortex-M3 内核 D-Code 总线(D-Bus)、I-Code 总线(I-Bus)和系统总线(S-Bus)、通用 DMA1 和通用 DMA2。

(2) 4 个被动单元：内部 SRAM、内部闪存存储器、FSMC、AHB 到 APB 桥(AHB to APBx，它连接所有的 APB 设备)。

这些都是通过一个多级的 AHB 总线相互连接的，如图 2-7 所示。

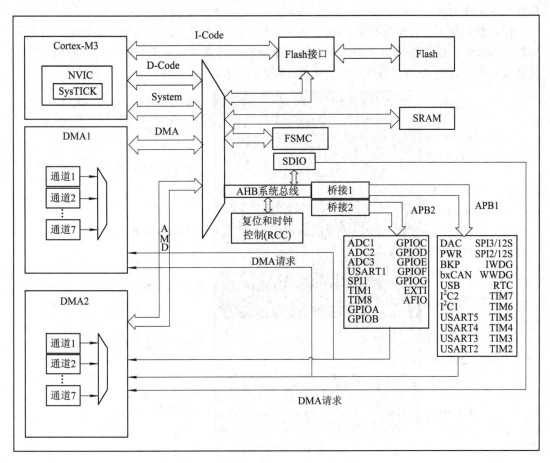

图 2-7　STM32 的总线结构

其中：

(1) I-Code 总线将 Cortex-M3 内核的指令总线与闪存指令接口相连接。指令预取在此总线上完成。

(2) D-Code 总线将 Cortex-M3 内核的 D-Code 总线与闪存存储器的数据接口相连接(常量加载和调试访问)，用于查表等操作。

(3) 系统总线连接 Cortex-M3 内核的系统总线(外设总线)到总线矩阵。系统总线用于访问内存和外设，覆盖的区域包括 SRAM、片上外设、片外 RAM、片外扩展设备及系统级存储区的 4 个外空间。

(4) DMA 总线将 DMA 的 AHB 主控接口与总线矩阵相连，总线矩阵协调 CPU 的 D-Code 和 DMA 到 SRAM，用于闪存和外设的访问。

总线矩阵协调内核系统总线和 DMA 主控总线之间的最终访问结果，协调方式采用轮换算法。总线矩阵由 4 个驱动部件(CPU 的 D-Code、I-Code、系统总线、DMA1 总线和 DMA2

总线)和 4 个被动部件(闪存存储器接口 FLITF、SRAM、FSMC 和 AHB 到 APB 桥)构成。AHB 外设通过总线矩阵与系统总线相连，允许 DMA 访问。

Cortex-M3 不同于其他 ARM 系列的处理器，它的存储器映射表在内核设计时已固定，芯片厂商无法更改。

存储器本身不具有地址信息，其地址由芯片厂商或用户分配，这个分配地址的过程称为存储器映射。给存储器再分配一个地址，称为存储器重映射。而可以访问的存储器空间被分成 8 块，即块 0～7，每块 512 MB，如图 2-8 所示。

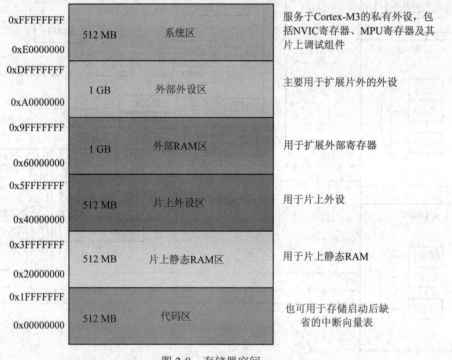

图 2-8　存储器空间

(1) 代码区(0x00000000～0x1FFFFFFF)：可以存放程序。

(2) SRAM 区(0x20000000～0x3FFFFFFF)：用于片内 SRAM。此区也可以存放程序，用于固件升级等维护工作。

(3) 片上外设区(0x4000000～0x5FFFFFFF)：用于片上外设。STM32 分配给片上各个外围设备的地址空间按总线可分成 3 类：APB1、APB2 及 AHB。各总线外设存储地址如表 2-7 所示。如果某款控制器不带有某个片上外设，则该地址范围保留。

(4) 外部 RAM 区的前半段(0x60000000～0x7FFFFFFF)：该区地址指向片上 RAM 或片外 RAM。

(5) 外部 RAM 区的后半段(0x80000000～0x9FFFFFFF)：同前半段。

(6) 外部外设区的前半段(0xA0000000～0xBFFFFFFF)：用于片外外设的寄存器，也用于多核系统中的共享内存。

(7) 外部外设区的后半段(0xC0000000～0xDFFFFFFF)：同前半段。

(8) 系统区(0xE0000000～0xFFFFFFFF)：私有外设和供应商指定功能区。

在这 8 个块中，应关注以下 3 个块：

(1) 块 0：内部 Flash(0x00000000～0x1FFFFFFF)。其中：

Flash：(0x00000000～0x1FFFFFFF)。

(2) 块 1：内部 RAM(0x08000000～0x0807FFFF，512 KB)。其中：

预留：(0x20010000～0x3FFFFFFF)；

SRAM：(0x20000000～0x2000FFFF，64 KB)。

(3) 块 2：片上外设(0x40000000～0x5FFFFFFF)。其中：

APB1：(0x40000000～0x400077FF)；

APB2：(0x40010000～0x40013FFF)；

AHB：(0x40018000～0x5003FFFF)。

表 2-7　各总线外设存储地址

起始地址	外　设	总线
0x50000000～0x5003FFFF	USB OTG 全速	AHB
0x40030000～0x4FFFFFFF	保留	AHB
0x40028000～0x40029FFF	以太网	AHB
0x40023400～0x40023FFF	保留	AHB
0x40023000～0x400233FF	CRC	AHB
0x40022000～0x400223FF	闪存存储器接口	AHB
0x40021400～0x40021FFF	保留	AHB
0x40021000～0x400213FF	复位和时钟控制(RCC)	AHB
0x40020800～0x40020FFF	保留	AHB
0x40020400～0x400207FF	DMA2	AHB
0x40020000～0x400203FF	DMA1	AHB
0x40018400～0x40017FFF	保留	AHB
0x40018000～0x400183FF	SDIO	AHB
0x40014000～0x40017FFF	保留	APB2
0x40013C00～0x40013FFF	ADC3	APB2
0x40013800～0x40013BFF	USART1	APB2
0x40013400～0x400137FF	TIM8 定时器	APB2
0x40013000～0x400133FF	SPI1	APB2
0x40012C00～0x40012FFF	TIM1 定时器	APB2
0x40012800～0x4001 2BFF	ADC2	APB2
0x40012400～0x400127FF	ADC1	APB2
0x40012000～0x400123FF	GPIO 端口 G	APB2
0x40012000～0x400123FF	GPIO 端口 F	APB2
0x40011800～0x40011BFF	GPIO 端口 E	APB2
0x40011400～0x400117FF	GPIO 端口 D	APB2
0x40011000～0x400113FF	GPIO 端口 C	APB2
0x40010C00～0x40010FFF	GPIO 端口 B	APB2
0x40010800～0x40010BFF	GPIO 端口 A	APB2

起始地址	外　设	总线
0x40010400～0x400107FF	EXTI	APB2
0x40010000～0x400103FF	AFIO	APB2
0x40007800～0x4000FFFF	保留	APB1
0x40007400～0x400077FF	DAC	APB1
0x40007000～0x400073FF	电源控制(PWR)	APB1
0x40006C00～0x40006FFF	后备寄存器(BKP)	APB1
0x40006800～0x40006BFF	bxCAN2	APB1
0x40006400～0x400067FF	bxCAN1	APB1
0x40006000～0x400063FF	USB/CAN 共享的 512 B SRAM	APB1
0x40005C00～0x40005FFF	USB 全速设备寄存器	APB1
0x40005800～0x40005BFF	I²C2	APB1
0x40005400～0x400057FF	I²C1	APB1
0x40005000～0x400053FF	USART5	APB1
0x40004C00～0x40004FFF	USART4	APB1
0x40004800～0x40004BFF	USART3	APB1
0x40004400～0x400047FF	USART2	APB1
0x40004000～0x40003FFF	保留	APB1
0x40003C00～0x40003FFF	SPI3/1293	APB1
0x40003800～0x40003BFF	SPI2/12S3	APB1
0x40003400～0x400037FF	保留	APB1
0x40003000～0x400033FF	独立看门狗(IWDG)	APB1
0x40002C00～0x40002FFF	窗口看门狗(WWDG)	APB1
0x40002800～0x40002BFF	RIC	APB1
0x40001800～0x400027FF	保留	APB1
0x40001400～0x400017FF	TIM7 定时器	APB1
0x40001000～0x400013FF	TIM6 定时器	APB1
0x40000C00～0x40000FFF	TIM5 定时器	APB1
0x40000800～0x40000BFF	TIM4 定时器	APB1
0x40000400～0x400007FF	TIM3 定时器	APB1
0x40000000～0x400003FF	TIM2 定时器	APB1

2.3　电源、时钟及复位电路

2.3.1　电源电路

图 2-9 为 STM32 电源电路结构图。

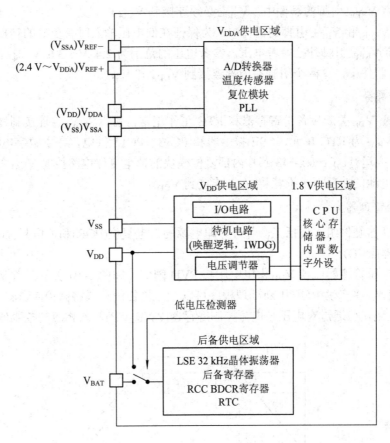

图 2-9 STM32 电源电路结构图

1. 供电方案

内部稳压器为内核提供 1.8 V 的数字电源。当关闭 V_{DD} 电源后，可以通过 V_{BAT} 引脚为实时时钟(RTC)和后备寄存器供电。

1) 数字部分

V_{DD} 接 2.0 V～3.6 V 的直流电源。通常接 3.3 V，供 I/O 端口等接口使用。内置的电压调节器提供 Cortex-M3 处理器所需的 1.8 V 电源，即把外电源提供的 3.3 V 转换成 1.8 V。复位后的电压调节器总是处于使能状态，根据应用模式的不同，它可工作在三种不同的模式下：

(1) 运行模式。电压调节器为整个 1.8 V 区域(内核、存储器和数字外设)供电。

(2) 停止模式。电压调节器以低功耗模式为 1.8 V 区域供电，用于保留寄存器和 SRAM 的内容。

(3) 待机模式。电压调节器关闭，除待机电路和备份区域外，其他寄存器和 SRAM 的内容将会丢失。

2) 模拟部分

为了提高转换精度，ADC 拥有一个独立的电源供电，以便对来自 PCB 上的电源噪声进行单独过滤和屏蔽。模拟部分采用独立的 ADC 供电输入引脚 V_{DDA} 和独立的接地引脚

V_{SSA}, 在拥有 V_{REF-} 引脚的器件中, V_{REF-} 必须连接到 V_{SSA}。

在拥有 V_{REF+} 和 V_{REF-} 引脚的器件中, 为保证在低电压输入时有更好的转换精度, 可以通过 V_{REF+} 和 V_{REF-} 引脚外接参考电压, 参考电压的范围为 2.4 V~3.6 V。在没有 V_{REF+} 和 V_{REF-} 引脚的器件中, 这两个引脚在内部连接到 V_{DDA} 和 V_{SSA}。

3) 备份部分

为了保证 V_{DD} 关断后备份寄存器和 RTC 工作正常, 可以将 V_{BAT} 连接到外部电池或其他电源上。V_{BAT} 为 RTC 单元、LSE 振荡器和 PC13~PC15 供电, 在主数字电源(V_{DD})关闭后维持 RTC 的运行。Cortex-M3 芯片内部复位模块的掉电复位电路控制 V_{BAT} 的开关。在没有使用外部电池的情况下, 推荐将 V_{BAT} 连接到 V_{DD}。

2. 电源管理器

电源管理器硬件组成包括三个部分, 即电源的上电复位(POR)和掉电复位(PDR)、可编程电压检测器(PVD)。

可编程电压检测器监视 V_{DD} 供电电压与 PVD 阈值, 如图 2-10 所示。当 V_{DD} 低于或高于 PVD 阈值时, 将产生中断, 中断处理程序可以发出警告信息或将微控制器转入安全模式。对 PVD 的控制, 可通过对电压与电源控制寄存器(PWR_CR)写入相应的控制值来完成。

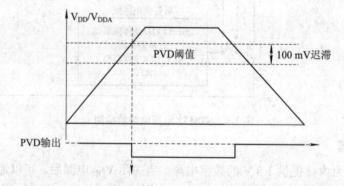

图 2-10　可编程电压检测器监视 V_{DD} 供电电压与 PVD 阈值

3. 低功耗模式

在系统或电源复位后, 微控制器处于运行状态。当处理器不需要继续运行时, 可以利用多种低功耗模式来节省功耗。用户需要根据最低电源消耗、最快速启动时间、处理器外部外设、SRAM 和寄存器供电的电源和时钟进行控制操作。

STM32 的功耗可以从以下两方面来理解: 一是 Cortex-M3 处理器内的功率消耗硬件, 包括处理器内的外设和处理器外部的外设。Cortex-M3 处理器外部外设功率消耗的控制比较简单, 只需要控制相应总线时钟的开关, 使不使用时的外设时钟尽量处于关闭状态。二是 Cortex-M3 内的功率消耗, STM32 低功耗模式的重点也是指 Cortex-M3 处理器内的功耗。STM32F103 支持三种低功耗模式, 即睡眠模式(Sleep Mode)、停止模式(Stop Mode)和待机模式(Standby Mode)。为了便于读者比较, 在下面的介绍中除按照功率递减的顺序介绍低功耗模式外, 还加入了非低功耗的运行模式(Run Mode)。

1) 运行模式

电压调节器工作在正常状态；Cortex-M3 处理器正常运行，Cortex-M3 的内部外设正常运行；STM32 的 PLL、HSE、HSI 正常运行。

2) 睡眠模式

电压调节器工作在正常状态；Cortex-M3 处理器停止运行，但 Cortex-M3 的内部外设仍正常运行；STM32 的 PLL、HSE、HSI 正常运行；所有的 SRAM 和寄存器内的内容被保留；所有的外设继续运行(除非它们被关闭)，所有的 I/O 引脚都保持它们在运行模式时的状态；功耗相对于正常模式得到降低。

3) 停止模式

停止模式也称为"深度睡眠模式"。电压调节器工作在停止模式，即选择性地为某些模块提供 1.8 V 电源；Cortex-M3 处理器停止运行，Cortex-M3 的内部外设也停止运行；STM32 的 PLL、HSE、HSI 被关断；所有的 SRAM 和寄存器内的内容被保留。

4) 待机模式

电压调节器工作在待机模式，整个 1.8 V 区域断电；Cortex-M3 处理器停止运行，Cortex-M3 的内部外设停止运行；STM32 的 PLL、HSE、HSI 被关断；SRAM 和寄存器内的内容丢失；备份寄存器内容保留；待机电路维持供电。

低功耗模式的比较如表 2-8 所示。

表 2-8 低功耗模式的比较

模式	进入	唤醒	对 1.8 V 区域时钟的影响	对 V_{DD} 区域时钟的影响	电压调节器
睡眠模式	WFI	任一中断	CPU 时钟关，对其他时钟和 ADC 时钟无影响	无	开
	WFE	唤醒事件			
停止模式	PDDS 和 LPDS 位 +SLEEPDEEP 位 +WFI 或 WFE	任一外部中断(在外部中断寄存器中设置)	选择性提供 1.8 V	HSI 和 HSE 的振荡器关闭	开启或处于低功耗模式 (由 PWR_CR 设定)
待机模式	PDDS 位 +SLEEPDEEP 位 +WFI 或 WFE	WKUP 引脚的上升沿、RTC 闹钟事件、NRST 引脚上的外部复位、IWDG 复位	关闭所有 1.8 V 区域的时钟		关

STM32 从三种低功耗模式恢复后的处理如下：

(1) 当 STM32 处于睡眠状态时，只有处理器停止工作，SRAM、寄存器的值仍然保留，程序当前执行状态的信息并未丢失，因此 STM32 从睡眠状态恢复后，回到进入睡眠状态指令的后一条指令开始执行。

(2) 当 STM32 处于停止状态时，SRAM、寄存器的值仍然保留，因此 STM32 从停止状态恢复后，回到进入停止状态指令的后一条指令开始执行。但不同于睡眠状态，进入停止状态后，STM32 时钟关闭，因此从停止状态恢复后，STM32 将使用内部高速振荡器作为系统时钟(HSI，频率为不稳定的 8 MHz)。

(3) 当 STM32 处于待机状态时，所有 SRAM 和寄存器的值都丢失(恢复默认值)，因此从待机状态恢复后，程序重新从复位初始位置开始执行，这相当于一次软件复位，它的退出方法也验证了这一点。

2.3.2 时钟电路

STM32 MCU 时钟树如图 2-11 所示。

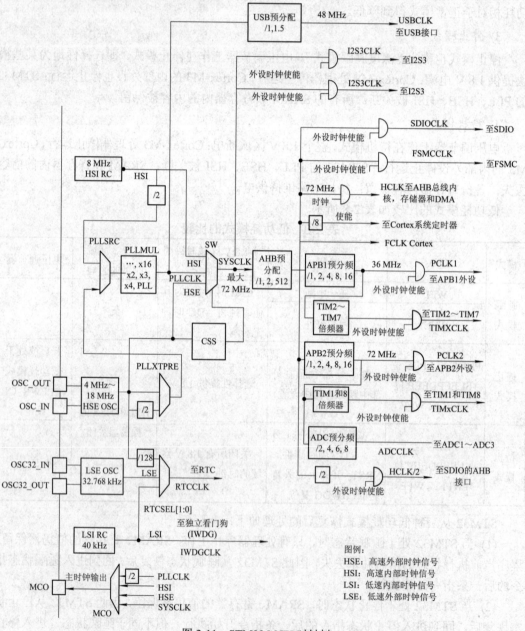

图 2-11　STM32 MCU 时钟树

如图 2-11 所示,系统时钟树由系统时钟源、系统时钟和设备时钟(又称为时钟安全系统)等部分组成。

1. 系统时钟源

系统时钟源有如下 4 个。

1) 高速外部时钟(HSE)

HSE 由以下两种时钟源产生。

(1) HSE 外部时钟。在这个模式里,必须提供外部时钟,它的频率最高可达 25 MHz。用户可通过设置时钟信号控制寄存器RCC_CR中的HSEBYP位和HSEON位选择这一模式。外部时钟信号必须连接到 OSC_IN 引脚,同时保证 OSC_OUT 引脚悬空(为高阻状态),如表 2-9 所示。

表 2-9　HSE 外部时钟

类　别	硬 件 配 置
外部时钟	 HSE外部时钟
晶体/陶瓷 谐振器	 HSE外部谐振器

(2) HSE 外部晶体/陶瓷谐振器。使用 4 MHz～16 MHz 外部振荡器能够为系统提供更为精确的主时钟。HSE 晶体可以通过设置时钟控制寄存器里 RCC_CR 中的 HSEON 位来启动和关闭。

注意:谐振器和负载电容需要尽可能地靠近振荡器引脚,以减小输出失真和启动稳定时间。负载电容值必须根据选定的晶振进行调节。

2) 高速内部时钟(HSI)

HSI 由 8 MHz 的 RC 振荡器产生,可直接作为系统时钟或在 2 分频后作为 PLL 输入。HSI 的 RC 振荡器能够在不需要任何外部器件的条件下提供系统时钟,它的启动时间比 HSE 晶体谐振器的短。然而,即使在校准后,它的时钟频率精度仍较差。

如果用户的应用基于不同的电压或环境温度,这将会影响 RC 振荡器的精度,因此可以通过时钟控制寄存器里的 HSITRIM[4:0]位来调整 HSI 的频率。

如果 HSE 晶体谐振器失效,HSI 会被作为备用时钟源。

3) 低速外部时钟(LSE)

LSE 是低速外部时钟,接频率为 32.768 kHz 的石英晶体(其中,LSE 可由 LSE 外部时钟和 LSE 外部晶体/陶瓷谐振器产生),它可以为实时时钟或其他定时功能提供一个低功耗且精确的时钟源。LSE 晶体通过在备份域控制寄存器(RCC_BDCR)里的 LSEON 位来启动和关闭。表 2-10 为 LSE 外部时钟。

表 2-10　LSE 外部时钟

类　　别	硬 件 配 置
外部时钟	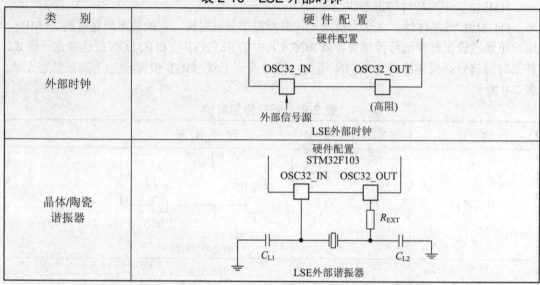
晶体/陶瓷谐振器	

4) 低速内部时钟(LSI)

LSI 是一个低功耗时钟源,它可以在停机模式或待机模式下保持运行,为独立看门狗和自动唤醒单元提供时钟。LSI 的时钟频率大约为 40 kHz(在 30 kHz~60 kHz 之间)。

LSI 可以通过控制/状态寄存器(RCC_CSR)中的 LSION 位来启动或关闭。在控制/状态寄存器(RCC_CSR)中的 LSIRDY 位指示低速内部谐振器是否稳定。在启动阶段,直到这个位被硬件设置为 1 后,此时钟才被释放。如果在时钟中断寄存器(RCC_CIR)中被允许,则将产生 LSI 中断申请。

对于时钟设计,需要先考虑系统时钟的来源,是内部时钟、外部晶振,还是外部的振荡器,是否需要 PLL,然后再考虑内部总线和外部总线,最后考虑外设的时钟信号。应遵从先倍频作为处理器的时钟,然后再由内向外分频的原则。

2. 系统时钟 SYSCLK

STM32 将时钟信号(通常为 HSE)经过分频或倍频(PLL)后,得到系统时钟,系统时钟经过分频,产生外设所使用的时钟。其中,典型值为 40 kHz 的 LSI,其供独立看门狗 IWDG 使用,另外它还可以为实时时钟 RTC 提供时钟源。RTC 的时钟源也可以选择为 LSE,或者为 HSE 的 128 分频。RTC 的时钟源通过备份域控制寄存器(RCC_BDCR)的 RTCSEL[1:0]来选择。

许多电子设备要正常工作,通常需要外部的输入信号与内部的振荡信号同步,利用锁相环(Phase Locked Loop,PLL)就可以实现这个目的。锁相环是一种反馈控制电路,其特点是利用外部输入的参考信号控制环路内部振荡信号的频率和相位。锁相环在工作过程中,当输出信号的频率与输入信号的频率相等时，输出电压与输入电压保持固定的相位差，即输出电压与输入电压的相位被锁住，这就是锁相环名字的由来。因锁相环可以实现输出信号频率对输入信号频率的自动跟踪，所以通常用于闭环跟踪电路。

内部 PLL 可以用来倍频 HSI 时钟或 HSE 晶体输出时钟。PLL 的设置(选择 HSI 振荡器除 2 或 HSE 振荡器为 PLL 的输入时钟，然后选择倍频因子)必须在其被激活前完成。一旦 PLL 被激活，这些参数就不能被改动。如果 PLL 中断在时钟中断寄存器中被允许，则当 PLL 准备就绪时，可产生中断申请。如果需要在应用中使用 USB 接口，则 PLL 必须被设置为输出 48 MHz 或 72 MHz 时钟，用于提供 48 MHz 的 USBCLK 时钟。

系统时钟 SYSCLK 是供 STM32 中绝大部分部件工作的时钟源。系统时钟可选择为 PLL 输出、HSI 或 HSE，HSI 与 HSE 可以通过分频加至 PLLSRC，并由 PLLMUL 进行倍频后，直接充当 PLLCLK，经过 1.5 分频或 1 分频后为 USB 串行接口提供一个 48 MHz 的振荡频率。即当需要使用 USB 时，PLL 必须使能，并且时钟频率配置为 48 MHz 或 72 MHz，但这并不意味着 USB 模块工作时需要 48 MHz，48 MHz 仅提供给 USB 串行接口 SIE。系统时钟最大频率为 72 MHz，它通过 AHB 分频器分频后送给各个模块。AHB 分频器输出的时钟在以下模块中使用：

(1) AHB 总线、内核、内存和 DMA 使用的 HCLK 时钟。

(2) 通过 8 分频后，送给 Cortex-M3 的系统定时器时钟。

(3) Cortex-M3 的空闲运行时钟 FCLK。

(4) APB1 分频器。APB1 分频器可选择 1、2、4、8、16 分频，其输出一路供给 APB1 外设使用(PCLK1，最大频率为 36 MHz)；另一路送给定时器 TIM2~TIM4 倍频器使用，该倍频器可选择 1 倍频或 2 倍频。

(5) APB2 分频器。APB2 分频器可选择 1、2、4、8、16 分频，其输出一路供 APB2 外设使用(PCLK2，最大频率为 72 MHz)；另一路送给定时器 TIM1 倍频器使用。该倍频器可选择 1 倍频或 2 倍频。另外，APB2 分频器还有一路输出供 ADC 分频器使用，分频后送给 ADC 模块使用。ADC 分频器可选择 2、4、6、8 分频。

(6) SDIO 使用的 SDIOCLK 时钟。

(7) FSMC 使用的 FSMCCLK 时钟。

(8) 2 分频后送给 SDIO AHB 接口使用。

系统时钟树中的时钟选择、预分频值和外设时钟使能等都可以通过对复位和时钟控制(RCC)寄存器编程来实现。表 2-11 为系统时钟树设备时钟使能寄存器分配表，表 2-12 为 APB2 设备时钟使能寄存器。

表 2-11　系统时钟树设备时钟使能寄存器分配表

偏移地址	寄存器	功能	复位值	特　　性
0x14	AHBENR	读/写	0x00000014	AHB 设备时钟使能寄存器(开启 Flash 接口和 SRAM 时钟)
0x18	APB2ENR	读/写	0x00000000	APB2 设备时钟使能寄存器(关闭所有 APB2 设备时钟)
0x1c	APB1ENR	读/写	0x00000000	APB1 设备时钟使能寄存器(关闭所有 APB1 设备时钟)

表 2-12　APB2 设备时钟使能寄存器(RCC_APB2ENR)

位	名　称	类　型	复位值	说　明
0	AFIOEN	读/写	0	AFIO 时钟使能，0：关闭时钟，1：开启时钟
2	GPIOAEN	读/写	0	GPIOA 时钟使能，0：关闭时钟，1：开启时钟
3	GPIOBEN	读/写	0	GPIOB 时钟使能，0：关闭时钟，1：开启时钟
4	GPIOCEN	读/写	0	GPIOC 时钟使能，0：关闭时钟，1：开启时钟
9	ADC1EN	读/写	0	ADC1 时钟使能，0：关闭时钟，1：开启时钟
10	ADC2EN	读/写	0	ADC2 时钟使能，0：关闭时钟，1：开启时钟
11	TIM1EN	读/写	0	TIM1 定时器时钟使能，0：关闭时钟，1：开启时钟
12	SPI1EN	读/写	0	SPI1 时钟使能，0：关闭时钟，1：开启时钟
13	TIM8EN	读/写	0	TIM8 定时器时钟使能，0：关闭时钟，1：开启时钟
14	USART1EN	读/写	0	USART1 时钟使能，0：关闭时钟，1：开启时钟
15	ADC3EN	读/写	0	ADC3 时钟使能，0：关闭时钟，1：开启时钟

使能 APB2 设备时钟的库函数在 stm32f103_rcc.h 中的定义如下：

　　void RCC_APB2PeriphClockCmd(u32 RCC_APB2Periph,FunctionalState NewState)；RCC_APB2Periph：APB2 总线下对应的端口及外设在 stm32f103_rcc.h 中的定义如下：

```
#define RCC_APB2Periph_AFIO        ((u32)0x00000001)        //AFIO 设备
#define RCC_APB2Periph_GPIOA       ((u32)0x00000004)        //GPIOA 设备
#define RCC_APB2Periph_ADC1        ((u32)0x00000200)        //ADC1 设备
#define RCC_APB2Periph_ADC2        ((u32)0x00000400)        //ADC2 设备
#define RCC_APB2Periph_TIM1        ((u32)0x00000800)        //TIM1 设备
#define RCC_APB2Periph_SPI1        ((u32)0x00001000)        //SPI1 设备
#define RCC_APB2Periph_TIM8        ((u32)0x00002000)        //TIM8 设备
#define RCC_APB2Periph_USART1      ((u32)0x00004000)        //USART1 设备
#define RCC_APB2Periph_ADC3        ((u32)0x00008000)        //ADC3 设备
#define RCC_APB2Periph_ALL         ((u32)0x0000FFFD)        //所有设备
```

3. 时钟安全系统(CSS)

CSS 可以通过软件被激活。一旦其被激活，时钟检测器将在 HSE 振荡器启动延迟后被使能，并在 HSE 时钟关闭后关闭。

如果 HSE 时钟发生故障，HSE 振荡器被自动关闭，时钟失效事件将被送到高级定时器(TIM1 和 TIM8)的中断输入端，并产生时钟安全中断 CSSI，允许软件完成补救操作。此 CSSI 中断连接到 Cortex-M3 的 NMI 中断(不可屏蔽中断)。

注意：一旦 CSS 被激活，并且 HSE 时钟出现故障，CSS 中断就产生，并且 NMI 也自动产生。NMI 将被不断执行，直到 CSS 中断挂起位被清除。因此，在 NMI 的处理程序中必须通过设置时钟中断寄存器(RCC_CIR)里的 CSSC 位来清除 CSS 中断。

如果 HSE 振荡器被直接或间接地作为系统时钟，时钟故障将导致系统时钟自动切换到 HSI 振荡器，同时外部 HSE 振荡器被关闭。在时钟失效时，如果 HSE 振荡器时钟用作系统时钟的 PLL 的输入时钟，PLL 也将被关闭。

2.3.3　复位电路

STM32 具有一个完整的 POR/PDR 电路，可以保证系统在 2 V 以上正常运行。只要 V_{DD} 低于特定的阈值 $V_{POR/PDR}$，该设备将一直处于复位模式，而不需要外部复位电路。
STM32F103 支持三种复位形式。

1. 系统复位

系统复位将复位除时钟控制器 CSR 中的复位标志和备用域寄存器外的所有寄存器。下列事件有一个发生都将产生系统复位：

(1) NRST 引脚上出现低电平(外部复位)，其复位效果与需要的时间、微控制器供电电压、复位阈值等相关。为了使其充分复位，在 3.3 V 工作电压下，复位时间设置为 200 ms。

(2) 窗口看门狗计数终止(WWDG 复位)。

(3) 独立看门狗计数终止(IWDG 复位)。

(4) 软件复位(SW 复位)：通过设置相应的控制寄存器位来实现。

(5) 低功耗管理复位：进入待机模式或停止模式时引起的复位。

注意：可通过查看控制/状态寄存器中的复位标志来识别复位源。复位电路如图 2-12 所示。

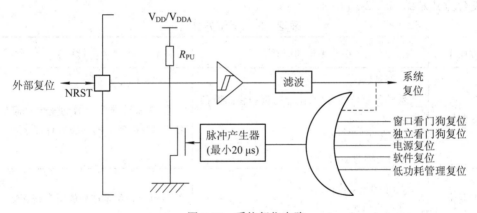

图 2-12　系统复位电路

2. 电源复位

电源复位能复位除备份域寄存器外的所有寄存器。当以下事件发生时，将产生电源复位：

(1) 上电/掉电复位(POR/PDR 复位)。STM32 集成了一个上电复位(POR)和掉电复位(PDR)电路，当供电电压达到 2 V 时，系统就能正常工作。只要 V_{DD} 低于特定的阈值 $V_{POR/PDR}$，则不需要外部复位电路，STM32 一直处于复位模式。上电复位和掉电复位的波形如图 2-13 所示。

(2) 从待机模式中返回。芯片内部的复位信号会在 NRST 引脚上输出，脉冲发生器保证每个外部或内部复位源都能有至少 20 μs 的脉冲延时；当 NRST 引脚被拉低产生外部复位时，它将产生复位脉冲。

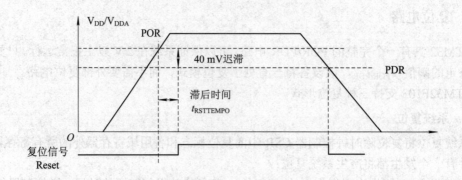

图 2-13　上电/掉电复位波形图

3. 备份区复位

当以下事件发生时，将产生备份区域复位：

(1) 软件复位：备份区域复位可由设置备份域控制寄存器(RCC_BDCR)中的 BDRST 位产生。

(2) 电源复位：在 V_{DD} 和 V_{BAT} 二者掉电的前提下，V_{DD} 或 V_{BAT} 上电将引发备份区域复位。

复位方式总结如表 2-13 所示。

表 2-13　复位方式

复位操作	引起复位的原因	复位说明
系统复位	外部复位； 看门狗复位(包含独立看门狗和窗口看门狗)； 软件复位； 低功耗管理复位	复位除时钟控制器的复位标志位和备份区域中寄存器外的所有寄存器
电源复位	上电/掉电复位； 从待机模式中返回	复位除备份区域外的所有寄存器
备份区复位	软件复位； V_{DD}/V_{BAT} 同时失效	复位备份区域

2.4　指　令　集

2.4.1　ARM 指令集

ARM 微处理器的指令集是加载/存储型的 32 位指令集，即指令集仅能处理寄存器中的数据，而且处理结果都要送回寄存器中，但对系统存储器的访问则需要通过专门的加载/存储指令来完成。ARM 微处理器的指令集可以分为跳转指令、数据处理指令、程序状态寄存器(PSR)处理指令、加载/存储指令、协处理器指令和异常产生指令 6 类。ARM 指令集和 x86 指令集的对比如表 2-14 所示。

表 2-14　ARM 指令集和 x86 指令集的对比

类　别	ARM 指令集	x86 指令集
类型	RISC	CISC
指令长度	定长 4 B	不定长 1 B～15 B
传送指令访问程序计数器	可以	不可以
状态标志位更新	由指令的附加位决定	指令隐含决定
是否对齐访问	4 B 对齐	可在任意字节处取指
操作数个数	3 个	2 个
条件判断执行	每条指令	专用条件判断指令
堆栈操作指令	无, 利用 LDM/STM 实现	有, 利用 PUSH/POP 实现
DSP 处理的乘加指令	有	无
访问存储器指令	仅 Load/Store 指令	算数逻辑指令也能访问

ARM 指令的寻址方式包括立即寻址、寄存器寻址、寄存器间接寻址、基址加变址寻址、堆栈寻址、块复制寻址和相对寻址。

ARM 指令系统是 RISC 指令集,指令系统优先选取使用频率高的指令,以及一些有用但不复杂的指令。其指令长度固定,指令格式种类少,寻址方式少,只有存取指令访问存储器,其他的指令都在寄存器之间操作,且大部分指令都在一个周期内完成,以硬布线控制逻辑为主,不用或少用代码控制,更容易实现流水线等操作。ARM 采用长乘法指令和增强的 DSP 指令等指令类型,使得其集合了 RISC 和 CISC 的优势。同时,ARM 采用了快速中断响应、虚拟存储系统支持、高级语言支持、定义不同的操作模式等,使得其功能更为强大。

2.4.2　Thumb 指令集

Thumb 指令集是 ARM 指令集的一个子集,指令的长度为 16 位。与等价的 32 位代码相比,Thumb 指令集在保留 32 位代码优势的同时,大大节省了系统的存储空间。

所有的 Thumb 指令都有对应的 ARM 指令,而且 Thumb 的编程模型也对应于 ARM 的编程模型。在应用程序的编写过程中,只要遵循一定的调用规则,Thumb 子程序和 ARM 子程序就可以相互调用。当处理器在执行 ARM 程序段时,称 ARM 处理器处于 ARM 工作状态;当处理器在执行 Thumb 程序段时,称 ARM 处理器处于 Thumb 工作状态。

与 ARM 指令集相比较,Thumb 指令集中的数据处理指令的操作数仍然是 32 位的,指令地址也为 32 位。但 Thumb 指令集为了实现 16 位的指令长度,舍弃了 ARM 指令集的一些特性,如大多数的 Thumb 指令是无条件执行的,而几乎所有的 ARM 指令都是有条件执行的。大多数的 Thumb 数据处理指令的目的寄存器与其中一个源寄存器相同。Thumb 指令的条数较 ARM 指令的多，完成相同的工作，ARM 可能只用一条语句，而 Thumb 则需要用多条指令。一般情况下，Thumb 指令与 ARM 指令的时间效率与空间效率的关系如下：

(1) Thumb 代码所需要的存储空间为 ARM 代码的 60%～70%。

(2) Thumb 代码使用的指令数比 ARM 代码多 30%～40%。

(3) 若使用 32 位的存储器，ARM 代码比 Thumb 代码多约 40%。

(4) 若使用 16 位的存储器，Thumb 代码比 ARM 代码少 40%～50%。

(5) 与 ARM 代码相比较，若使用 Thumb 代码，存储器的功耗会降低约 30%。

显然，ARM 指令集和 Thumb 指令集各有优点，若对系统的性能有较高的要求，应使用 32 位的存储系统和 ARM 指令集；若对系统的成本和功耗有较高的要求，则应使用 16 位的存储系统和 Thumb 指令集。当然，若二者结合使用，充分发挥各自的优点，则会取得更好的效果。

2.4.3　Thumb-2 指令集

在 ARM 指令集的发展中，每一代体系结构都会增加新技术。为兼容数据总线宽度为 16 的应用系统，ARM 体系结构除支持执行效率很高的 32 位 ARM 指令集外，同时支持 16 位的 Thumb 指令集，称为 Thumb-2 指令集。Cortex-M3 只使用 Thumb-2 指令集，这是个很大的突破，因为它允许 32 位指令和 16 位指令优势互补(体现 CISC 的特点)，兼顾代码密度与处理性能。

Thumb-2 是一个突破性的指令集，它强大、易用、高效，是 16 位 Thumb 指令集的一个超集。在 Thumb-2 中，16 位指令首次与 32 位指令并存，结果在 Thumb 状态下指令集功能增强，同时指令周期数也明显下降。Thumb-2 指令集可以在单一的操作模式下完成所有的处理，它使 Cortex-M3 在多个方面都比传统的 ARM 处理器更先进，既没有状态切换的额外开销，节省了执行时间和指令空间；也不再需要把源代码文件分成按 ARM 编译和按 Thumb 编译，软件开发的管理大大减少；更不需要反复地求证和测试，开发软件更容易了。利用 Thumb-2 指令集编写的程序所占用的存储空间相应小很多，而且功耗也比以前有很大改善，代码空间可以减少约 70%。高速缓存资源在嵌入式系统中是非常少的，而 Thumb-2 指令集可以高效使用高速缓存，从而提高系统的整体性能。Thumb-2 指令集还有效减少了功耗，由于代码空间的压缩，在有限的高速缓存中所存放的常用代码必然增加，这样不仅提高了速度，而且降低了代码的读取次数。因此，使用 Thumb-2 指令集的功耗比其他传统代码的要小。

需要说明的是，Cortex-M3 并不支持所有的 Thumb-2 指令，ARMV7-M 的说明书只要求实现 Thumb-2 的一个子集，例如协处理器指令就被裁剪了(可以使用外部的数据处理引擎来替代)。Cortex-M3 也没有实现 SIMD 指令集。

表 2-15 所示是 51 单片机指令集和 Thumb-2 的编程比较，所完成的程序功能为 16 位数和 16 位数相乘。

表 2-15　51 单片机指令集和 Thumb-2 的编程比较

类　别	51 单片机指令集(举例)	Thumb-2(举例)

代码	MOV A,XL；2B
	MOV B,YL；3B
	MUL AB；1B
	MOV RO,A；1B
	MOV R1,B；3B
	MOV A,XL；2B
	MOV B,YH；3B
	MUL AB；1B
	ADD A,R1；1B
	MOV R1,A；1B
	MOV A,B；2B
	ADDC A,#0；2B
	MOV R2,A；1B
	MOV A,XH；2B
	MOV B,YL；3B
	MUL AB；1B
	ADD A,R1；1B
	MOV R1,A；1B
	MOV A,B；2B
	ADDC A,R2；1B
	MOV R2,A；1B
	MOV A,XH；2B
	MOV B,YH；3B
	MUL AB；1B
	ADD A,R2；1B
	MOV R2,A；1B
	MOV A,B；2B
	ADDC A,#0；2B
	MOV R3,A；1B
		MULS r0,r1,r0

时间	48 个时钟周期	一个时钟周期
代码大小	48 B	2 B

　　ARM Cortex-M3 处理器使用 ARMV7-M Thumb 指令集。表 2-16 是 Cortex-M3 指令和它们的周期数。周期数是基于系统的零等待状态。

表 2-16　Cortex-M3 指令集

操　作	汇 编 语 法	周　期　数
数据操作指令		
数据传输指令	MOV Rd,<op2>	1
	MOVW Rd,#<imm>	1
	MOVT Rd,#<imm>	1
	MOV PC,Rm	1+P
加法指令	ADD Rd,Rn,<op2>	1
	ADD PC,PC,Rm	1+P
	ADC Rd,Rn,<op2>	1
	ADR Rd,<label>	1
减法指令	SUB Rd,Rn,<op2>	1
	SBC Rd,Rn,<op2>	1
	RSB Rd,Rn,<op2>	1
乘法指令	MUL Rd,Rn,Rm	1
	MLA Rd,Rn,Rm	2
	MLS Rd,Rn,Rm	2
	SMULL RdLo,RdHi,Rn,Rm	3~5
	UMULL RdLo,RdHi,Rn,Rm	3~5
	SMLAL RdLo,RdHi,Rn,Rm	4~7
	UMLAL RdLo,RdHi,Rn,Rm	4~7
除法指令	SDIV Rd,Rn,Rm	2~12
	UDIV Rd,Rn,Rm	2~12
比较指令	CMP Rn,<op2>	1
	CMN Rn,<op2>	1
逻辑运算指令	AND Rd,Rn,<op2>	1
	EOR Rd,Rn,<op2>	1
	ORR Rd,Rn,<op2>	1
	ORN Rd,Rn,<op2>	1
	BIC Rd,Rn,<op2>	1
	MVN Rd,<op2>	1
	TST Rn,<op2>	1
	TEQ Rn,<op1>	—
移位指令	LSL Rd,Rn,#<imm>	1
	LSL Rd,Rn,Rs	1
	LSR Rd,Rn,#<imm>	1
	LSR Rd,Rn,Rs	1
	ASR Rd,Rn,#<imm>	1
	ASR Rd,Rn,Rs	1

续表一

操　作	汇 编 语 法	周　期　数
循环指令	ROR Rd,Rn,#<imm>	1
	ROR Rd,Rn,Rs	1
	RRX Rd,Rn	1
计数指令	CLZ Rd,Rn	1
存储器数据传送指令		
装载指令	LDR Rd,[Rn,<op2>]	2+P
	LDR PC,[Rn,<op2>]	2
	LDRH Rd,[Rn,<op2>]	2
	LDRB Rd,[Rn,<op2>]	2
	LDRSH Rd,[Rn,<op2>]	2
	LDRSB Rd,[Rn,<op2>]	2
	LDRT Rd,[Rn,#<imm>]	2
	LDRHT Rd,[Rn,#<imm>]	2
	LDRBT Rd,[Rn,#<imm>]	2
	LDRSHT Rd,[Rn,#<imm>]	2
	LDRSBT Rd,[Rn,#<imm>]	2
	LDR Rd,[PC,#<imm>]	2
	LDRD Rd,Rd,[Rn,#<imm>]	1+N
	LDM Rn,{<reglist>}	1+N
	LDM Rn,{<reglist>,PC}	1+N+P
存储指令	STR Rd,[Rn,<op2>]	2
	STRH Rd,[Rn,<op2>]	2
	STRB Rd,[Rn,<op2>]	2
	STRSH Rd,[Rn,<op2>]	2
	STRSB Rd,[Rn,<op2>]	2
	STRT Rd,[Rn,<imm>]	2
	STRHT Rd,[Rn,#<imm>]	2
	STRBT Rd,[Rn,#<imm>]	2
	STRSHT Rd,[Rn,#<imm>]	2
	STRSBT Rd,[Rn,#<imm>]	2
	STRD Rd,Rd,[Rn,#<imm>]	1+N
	STM Rn,{<reglist>}	1+N
入栈指令	PUSH{<reglist>}	1+N
	PUSH{<reglist>,LR}	1+N
出栈指令	POP{<reglist>}	1+N
	POP{<reglist>,PC}	1+N+P

续表二

操　作	汇 编 语 法	周　期　数
数据处理指令	LDREX Rd,[Rn,#<imm>]	2
	LDREXH Rd,[Rn]	2
	LDREXB Rd,[Rn]	2
	STREX Rd,Rt,[Rn,#<imm>]	2
	STREXH Rd,Rt,[Rn]	2
	STREXB Rd,Rt,[Rn]	2
	CLREX	1
转移指令	B<cc><label>	1or1+P
	B<label>	1+P
	BL<label>	1+P
	BX Rm	1+P
	BLX Rm	1+P
	CBZ Rn,<label>	1or1+P
	CBNZ Rn,<label>	1or1+P
	TBB[Rn,Rm]	2+P
	TBH[Rn,Rm,LSL#1]	2+P
其他指令		
状态变化指令	SVC#<imm>	—
	IT…<cond>	1e
	CPSID<flags>	1or2
	CPSIE<flags>	1or2
	MRS Rd,<specreg>	1or2
	MSR <specreg>,Rn	1or2
	BKPT #<imm>	—
扩展指令	SXTH Rd,<op2>	1
	SXTB Rd,<op2>	1
	UXTH Rd,<op2>	1
	UXTB Rd,<op2>	1
位字段指令	UBFX Rd,Rn,#<imm>,#<imm>	1
	SBFX Rd,Rn,#<imm>,#<imm>	1
	BFC Rd,Rn,#<imm>,#<imm>	1
	BFI Rd,Rn,#<imm>,#<imm>	1
反转指令	BEV Rd,Rm	1
	BEV16 Rd,Rm x	1
	REVSH Rd,Rm x	1
	RBIT Rd,Rm	1

续表三

操　作	汇 编 语 法	周　期　数
指示指令	SEV	1
	WFE	1+W
	WFI	1+W
	NOP	1
障碍隔离指令	ISB	1+B
	DMB	1+B
	DSB<flags>	1+B

2.5　流　水　线

在工厂的生产流水线上，把生产装配的某个产品的过程分解为若干个流程，每个流程用同样的时间单位，在各自的工位上完成各自流程的工作。这样，若干个产品可以在不同的工序上同时被装配，每个单位时间都能完成一个产品的装配，生产出一个成品，即单位时间的成品流出率大大地提高了。

同样，由于计算机中一条指令的执行可以分为若干个阶段，每个阶段的操作又是相对独立的，所以计算机也可以采取流水线的重叠技术来提高系统的性能。在流水线装满后，几个指令可以并行执行，这样可以充分利用现有的硬件资源，从而提高了微处理器的运行效率。

Cortex-M3 处理器的流水线使用 3 个阶段(如图 2-14 所示)，因此指令分为 3 个阶段执行。

(1) 取指：从存储器装载一条指令；

(2) 译码：识别将要被执行的指令；

(3) 执行：处理指令并将结果写入寄存器。

图 2-14　Cortex-M3 处理器的流水线

当运行的指令大多数都是 16 位时，可以发现，处理器会每隔一个周期做一次取指令操作。这是因为 Cortex-M3 有时可以一次取出两条指令(一次能取 32 位)，在第一条 16 位指令取出来时，第二条 16 位指令也被取出来了。此时总线接口就可以先歇一个周期再取指令，或者如果缓冲区是满的，总线接口就空闲下来了。但是，有些指令的执行需要多个周期，在这期间流水线就会暂停。

当遇到分支指令时，译码阶段也包含预测的指令取用，这就大大提高了执行的速度。处理器在译码阶段中自行对分支指令进行取指令操作，在稍后的执行过程中，处理完分支指令后便知道下一条要执行的指令。如果分支不跳转，则紧跟着的下一条指令便随时可供使用；如果分支跳转，则在跳转的同时分支指令也可供使用，其空闲的时间限制为一个周期。

2.6 异常与中断

2.6.1 异常与中断的概念

中断是指 CPU 在正常运行程序时，由于内部/外部事件或由程序预先安排的事件，引起 CPU 中断正在运行的程序，而转到内部/外部事件或由程序预先安排的事件服务程序中去，当服务的程序执行完毕后，再返回去执行暂时中断的程序。

异常通常定义为在正常的程序执行流程中发生暂时的停止并转向相应的处理，包括 ARM 内核产生复位、取指或存储器访问失败、遇到未定义的指令、执行软件的中断指令、出现外部中断等。大多数的异常都对应一个软件的异常处理程序，也就是在异常发生时执行的软件程序。在处理异常前，当前处理器的状态必须保留，这样当异常处理完成后，当前程序仍可以继续执行。当处理器允许多个异常同时发生时，它们将会按固定的优先级进行处理。由于异常对主程序所体现出来的也是"中断"性质，所以异常可以看做是中断的一个子集，即"由于接收到来自外部硬件的异步信号或来自软件的同步信号，而进行相应的硬件或软件处理"。但中断与异常的区别在于，中断对 Cortex-M3 处理器来说是"意外突发事件"，即该请求信号来自 Cortex-M3 处理器内核的外面，如各种处理器外设或外扩的外设；而异常则是因为 Cortex-M3 处理器内核的活动产生的，即在执行指令或访问存储器时产生。

Cortex-M3 有 15 个异常、240 个中断源，编号为 1～15 的系统异常如表 2-17 所示。Cortex-M3 的所有中断机制都由嵌套向量中断控制器 NVIC 实现。除了支持 240 条中断外，NVIC 还支持 16-4-1 = 11 个内部异常源，可以实现错误管理机制，所以 Cortex-M3 有 256 个预定义的异常类型。虽然 Cortex-M3 支持 240 个外部中断，但具体使用了多少个是由芯片生产商决定的。Cortex-M3 还有一个 NMI(不可屏蔽中断)输入脚，当它被置为有效(Assert)时，NMI 服务例程会无条件地执行。

表 2-17 Cortex-M3 的异常中断类型

编号	类 型	优先级	说 明
0	N/A	N/A	没有异常在运行
1	复位	−3(最高)	复位
2	NMI	−2	不可屏蔽中断(来自外部 NMI 输入脚)
3	硬错误	−1	所有被除能的错误都将"上访"成硬错误
4	管理机制错误	可编程	存储器管理错误，MPU 访问犯规及访问非法位置
5	总线错误	可编程	总线错误(预取流产或数据流产)

编号	类　型	优先级	说　　　明
6	用法错误	可编程	由于程序错误导致的异常
7～10	保留	N/A	N/A
11	SVCall	可编程	系统服务调用
12	调试监视器	可编程	调试监视器(断点、数据观察点，或者是外部调试请求)
13	保留	N/A	N/A
14	PendSV	可编程	为系统设备而设的"可悬挂异常"
15	系统滴答定时器	可编程	系统滴答定时器(即周期性溢出的时基定时器)

2.6.2　STM32 的中断通道

中断通道是处理中断的信号通路，每个中断通道对应唯一的中断向量和唯一的中断服务程序。但中断通道可以具有多个引起中断的中断源，这些中断源都能通过对应的"中断通道"向内核申请中断。

Cortex-M3 处理器的嵌套向量中断控制器 NVIC 和处理器紧密耦合，支持 15 个异常和 240 个外部中断通道，有 256 级中断优先级。而 STM32 的中断系统并没有使用 Cortex-M3 处理器的 NVIC 的全部功能，除 15 个 Cortex-M3 处理器异常外，STM32F103 具有 68 个中断通道，中断优先级有 16 级。STM32 的 68 个中断向量如表 2-18 所示。

表 2-18　STM32 的 68 个中断向量表

位置	优先级	优先级类型	名　称	说　　明	地址
0	7	可设置	WWDG	窗口看门狗定时器中断	0x00000040
1	8	可设置	PVD	连接到 EXTI 的电源电压检测(PVD)中断	0x00000044
2	9	可设置	TAMPER	侵入检测中断	0x00000048
3	10	可设置	RTC	实时时钟全局中断	0x0000004C
4	11	可设置	FLASH	闪存全局中断	0x00000050
5	12	可设置	RCC	复位和时钟控制中断	0x00000054
6	13	可设置	EXTI0	EXTI 线 0 中断	0x00000058
7	14	可设置	EXTI1	EXTI 线 1 中断	0x0000005C
8	15	可设置	EXTI2	EXTI 线 2 中断	0x00000060
9	16	可设置	EXTI3	EXTI 线 3 中断	0x00000064
10	17	可设置	EXTI4	EXTI 线 4 中断	0x00000068
11	18	可设置	DMA1 Channel1	DMA1 通道 1 全局中断	0x0000006C
12	19	可设置	DMA1 Channel2	DMA1 通道 2 全局中断	0x00000070
13	20	可设置	DMA1 Channel3	DMA1 通道 3 全局中断	0x00000074
14	21	可设置	DMA1 Channel4	DMA1 通道 4 全局中断	0x00000078
15	22	可设置	DMA1 Channel5	DMA1 通道 5 全局中断	0x0000007C

续表一

位置	优先级	优先级类型	名　称	说　明	地址
16	23	可设置	DMA1 Channel6	DMA1 通道 6 全局中断	0x00000080
17	24	可设置	DMA1 Channel7	DMA1 通道 7 全局中断	0x00000084
18	25	可设置	ADC1_2	ADC1 和 ADC2 的全局中断	0x00000088
19	26	可设置	USB_HP_CAN_TX	USB 高优先级或 CAN 发送中断	0x0000008C
20	27	可设置	USB_HP_CAN_RX0	USB 低优先级或 CAN 接收 0 中断	0x00000090
21	28	可设置	CAN_RX1	CAN 接收 1 中断	0x00000094
22	29	可设置	CAN_SCE	CAN 的 SCE 中断	0x00000098
23	30	可设置	EXTI9_5	EXTI 线[9:5]中断	0x0000009C
24	31	可设置	TIM1_BRK	TIM1 刹车中断	0x000000A0
25	32	可设置	TIM1_UP	TIM1 更新中断	0x000000A4
26	33	可设置	TIM1_TRG_COM	TIM1 触发和通信中断	0x000000A8
27	34	可设置	TIM1_CC	TIM1 截获比较中断	0x000000AC
28	35	可设置	TIM2	TIM2 全局中断	0x000000B0
29	36	可设置	TIM3	TIM3 全局中断	0x000000B4
30	37	可设置	TIM4	TIM4 全局中断	0x000000B8
31	38	可设置	I^2C1_EV	I^2C1 事件中断	0x000000BC
32	39	可设置	I^2C1_ER	I^2C1 错误中断	0x000000C0
33	40	可设置	I^2C2_EV	I^2C2 事件中断	0x000000C4
34	41	可设置	I^2C2_ER	I^2C2 错误中断	0x000000C8
35	42	可设置	SPI1	SPI1 全局中断	0x000000CC
36	43	可设置	SPI2	SPI2 全局中断	0x000000D0
37	44	可设置	USART1	USART1 全局中断	0x000000D4
38	45	可设置	USART2	USART2 全局中断	0x000000D8
39	46	可设置	USART3	USART3 全局中断	0x000000DC
40	47	可设置	EXTI15_10	EXTI 线[15:10]中断	0x000000E0
41	48	可设置	RTCAlarm	连接到 EXTI 的 RTC 闹钟中断	0x000000E4
42	49	可设置	USB WakeUp	连接到 EXTI 的从 USB 待机唤醒中断	0x000000E8
43	50	可设置	TIM8_BRK	TIM8 刹车中断	0x000000EC
44	51	可设置	TIM8_UP	TIM8 更新中断	0x000000F0
45	52	可设置	TIM8_TRG_COM	TIM8 触发和通信中断	0x000000F4
46	53	可设置	TIM8_CC	TIM8 截获比较中断	0x000000F8
47	54	可设置	ADC3	ADC3 全局中断	0x000000FC
48	55	可设置	FSMC	FSMC 全局中断	0x00000100
49	56	可设置	SDIO	SDIO 全局中断	0x00000104

续表二

位置	优先级	优先级类型	名　称	说　明	地址
50	57	可设置	TIM5	TIM5 全局中断	0x00000108
51	58	可设置	SPI3	SPI3 全局中断	0x0000010C
52	59	可设置	USART4	USART4 全局中断	0x00000110
53	60	可设置	USART5	USART5 全局中断	0x00000114
54	61	可设置	TIM6	TIM6 全局中断	0x00000118
55	62	可设置	TIM7	TIM7 全局中断	0x0000011C
56	63	可设置	DMA2 Channel1	DMA2 通道 1 全局中断	0x00000120
57	64	可设置	DMA2 Channel2	DMA2 通道 2 全局中断	0x00000124
58	65	可设置	DMA2 Channel3	DMA2 通道 3 全局中断	0x00000128
59	66	可设置	DMA2 Channel4	DMA2 通道 4 全局中断	0x0000012C
60	67	可设置	DMA2 Channel5	DMA2 通道 5 全局中断	0x00000130
61	68	可设置	ETH	以太网全局中断	0x00000134
62	69	可设置	ETH_WKUP	连接到 EXTI 的以太网唤醒中断	0x00000138
63	70	可设置	CAN2_TX	CAN2 发送中断	0x0000013C
64	71	可设置	CAN2_RX0	CAN2 接收 0 中断	0x00000140
65	72	可设置	CAN2_RX1	CAN2 接收 1 中断	0x00000144
66	73	可设置	CAN2_SCE	CAN2 的 SCE 中断	0x00000148
67	74	可设置	OTG_FS	全速的 USB OTG 全局中断	0x0000014C

在固件库 stm32fl0x.h 文件中，中断号宏定义将中断号和宏名联系起来。具体如下：

```
typedef enum IRQn
{
/ ****** Cortex-M3 处理器异常中断 ******/
NonMaskableInt_IRQn= -14,          /* ! < 2 不可屏蔽中断 */
Memory Management_IRQn = -12,       /* !< 4 内存管理中断*/
BusFault_IRQn   = -11,             /* !< 5 总线故障中断 */
UsageFault_IRQn = -10,             /* !< 6 使用故障中断 */
SVCall_IRQn     = -5,              /* ! < 11 SV 呼叫中断 */
DebugMonilor_IRQn= -4,             /*!< 12 调查监视器中断 */
PendSV_IRQn     = -2,              /* !< 14 SV 暂停中断 */
SysTick_IRQn    = -1,              /*!< 15 系统时钟中断 */
/ ****** STM32 特定中断 ******/
WWDG_IRQn    = 0,
PVD_IRQn     = 1,
TAMPER_IRQn = 2,
RTC_IRQn     = 3,
FLASH_IRQn   = 4,
```

```
RCC_IRQn            = 5,
EXTI0_IRQn          = 6,
EXTI1_IRQn          = 7,
EXTI2_IRQn          = 8,
EXTI3_RQn           = 9,
EXTI4_IRQn          = 10,

DMA1_Channel1 _IRQn     = 11,
DMA1_Channel2_IRQn      = 12,
DMA1_Channel3_IRQn      = 13,
DMA1_Channel4_IRQn      = 14,
DMA1_Channel5_IRQn      = 15,
DMA1_Channel6_IRQn      = 16,
DMA1_Channel7_IRQn      = 17,
ADCl_2_IRQn             = 18

#ifdef STM32F10X_LD
…/ * 小容量 STM32 中断号* /
#endif / * STM32F10X_LD*/

#ifdef STM32F10X_MD
…/ * 中容量 STM32 中断号* /
#endif / * STM32F10X_MD*/

#ifdef STM32F10X_HD
…/*大容量 STM32 中断号* /
#endif/* STM32F10X_HD*/

#ifdef STM32F10X_CL
CAN1_TX_IRQn            = 19,
CAN1_RX0_IRQn           = 20,
CAN1_RX1_IRQn           = 21,
CAN1_SCE_IRQn           = 22,
EXTI9_5_IRQn            = 23,
TIM1_BRK_IRQn           = 24,
TIM1_UP_IRQn            = 25,
TIM1_TRG_COM_IRQn       = 26,
TIM1_CC_IRQn            = 27,
TIM2_IRQn               = 28,
```

TIM3_IRQn	= 29,
TIM4_IRQn	= 30,
I2C1_EV_IRQn	= 31,
I2C1_ER_IRQn	= 32,
I2C2_EV_IRQn	= 33,
I2C2_ER_IRQn	= 34,
SPI1_IRQn	= 35,
SPI2_IRQn	= 36,
USART1_IRQn	= 37,
USART2_IRQn	= 38,
USART3_IRQn	= 39,
EXTI15_10_IRQn	= 40,
RTCAlarm_IRQn	= 41,
OTG_FS_WKUP_IRQn	= 42,
TIM8_BRK_IRQn	= 43
TIM8_UP+IRQn	= 44
TIM8_TRG_COM_IRQn	= 45
TIM8_CC_IRQn	= 46
ADC3_IRQn	= 47
FSMC_IRQn	= 48
SDIO_IRQn	= 49
TIM5_IRQn	= 50,
SPI3_IRQn	= 51,
UART4_IRQn	= 52,
UART5_IRQn	= 53,
TIM6_IRQn	= 54,
TIM7_IRQn	= 55,
DMA2_Channel1_IRQn	= 56,
DMA2_Channel2_IRQn	= 57,
DMA2_Channel3_IRQn	= 58,
DMA2_Channel4_IRQn	= 59,
DMA2_Channel5_IRQn	= 60,
ETH_IRQn	= 61,
ETH_WKUP_IRQn	= 62,
CAN2_TX_IRQn	= 63,
CAN2_RX0_IRQn	= 64,
CAN2_RX1_IRQn	= 65,
CAN2_SCE_IRQn	= 66,
OTG_FS_IRQn	= 67

```
        #endif/* STM32F10X_CL*/
    } IRQn_Type；
```
因此，使用时只需引用具体宏名即可。

2.6.3　STM32 的中断过程

　　如果把整个中断硬件结构按照模块化的思想来划分，可以将其简单地分为 3 部分，即中断通道、中断处理和中断响应，如图 2-15 所示。片内外设或外部设备是中断通道对应的中断源，它是中断的发起者。Cortex-M3 处理器内核属于中断响应，它首先判断中断是否使能，根据中断号到中断向量表中查找中断服务函数 xxx_IRQHandler (void)的入口地址，即函数指针；然后执行中断服务程序，中断结束后返回主程序。以 EXTI0 所接中断源为例，其中断软件处理流程如图 2-16 所示。

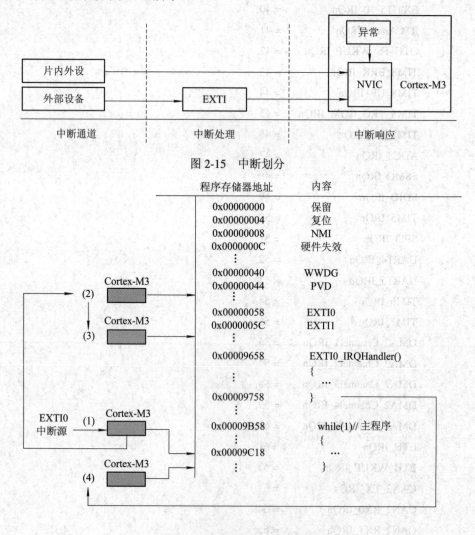

图 2-15　中断划分

图 2-16　中断软件处理流程图

　　(1) EXTI0 中断到达前，内核还在 0x00009C18 处执行程序。

(2) 当 EXTI0 中断到达时，内核暂停当前程序执行，立即跳转到 0x00000058 处开始中断处理。内核在 0x00000058 处是不能完成任务的，在这里它只能拿到一张"地图"，这张地图会告诉 Cortex-M3 内核该如何到达中断处理函数 EXTI0_IRQHandler()。

(3) 根据"地图"，内核又来到 0x00009658 处，在这里中断服务程序 EXTI0_IRQHandler() 得到执行。

(4) EXTI0_IRQHandler() 执行结束，内核返回到 0x00009C18 处恢复暂停程序的执行。整个中断处理流程中，PC 指针被强制修改了 3 次，除第 1 次(第(2)步)是 Cortex-M3 内核自行修改外，其余两次都需要主动修改。对于第 2 次(第(3)步)修改，异常向量表提供了明确的转移地址；第 3 次(第(4)步)修改是由链接寄存器 R14 给出返回地址。

2.6.4　STM32 的中断优先级

STM32 是依靠优先级来完成中断嵌套的。优先级分为两层：占先优先级和副优先级。STM32 规定的嵌套规则如下：

(1) 高占先优先级的中断可以打断低占先优先级的中断服务，从而构成中断嵌套。 相同占先优先级的中断之间不能构成中断嵌套，即当一个中断到来时，如果 STM32 正在处理另一个同占先优先级的中断，后来的中断需要等到前一个中断处理完后才能被处理。

(2) 副优先级不可以中断嵌套，占先优先级相同但副优先级不同的多个中断同时申请服务时，STM32 首先响应副优先级高的中断。

(3) 当相同占先优先级和相同副优先级的中断同时申请服务时，STM32 首先响应中断通道所对应的中断向量地址低的那个中断。

中断优先级的概念是针对"中断通道"的。当中断通道的优先级确定后，该中断通道对应的所有中断源都享有相同的中断优先级。至于该中断通道对应的多个中断源的执行顺序，则取决于用户的中断服务程序。

STM32 目前支持的中断共 83 个，分别为 15 个内核异常和 68 个外部中断。Cortex-M3 为每个中断通道都配备了 8 位中断优先级控制字 PRI_n(因为共有 256 个优先级)，STM32 中只使用该字节的高 4 位，这 4 位被分成 2 组，从高位开始，前面用于定义占先优先级的位，后面用于定义副优先级。4 位的中断优先级控制位分组组合如表 2-19 所示。每 4 个通道的 8 位中断优先级控制字 IP_n 构成一个 32 位的优先级寄存器 IP。68 个通道的优先级控制字构成 17 个 32 位的优先级寄存器，它们是 NVIC 寄存器中的一个重要部分。

表 2-19　中断优先级的控制位分组

组号	PRIGROUP				分配情况								说　明
0	7				0:4								无占先优先级，16 个副优先级
	PRIGROUP	b10	b9	b8	b7	b6	b5	b4	b3	b2	b1	b0	
	7	1	1	1	副优先级				未使用				
1	6				1:3								2 个占先优先级，8 个副优先级
	PRIGROUP	b10	b9	b8	b7	b6	b5	b4	b3	b2	b1	b0	
	6	1	1	0	占先优先级	副优先级			未使用				

续表

组号	PRIGROUP				分配情况								说 明
2	5				2:2								4 个占先优先级，4 个副优先级
	PRIGROUP	b10	b9	b8	b7	b6	b5	b4	b3	b2	b1	b0	
	5	1	0	1	占先优先级		副优先级		未使用				
3	4				3:1								8 个占先优先级，2 个副优先级
	PRIGROUP	b10	b9	b8	b7	b6	b5	b4	b3	b2	b1	b0	
	4	1	0	0	占先优先级			副优先级	未使用				
4	3/2/1/0				4:0								16 个占先优先级，无副优先级
	PRIGROUP	b10	b9	b8	b7	b6	b5	b4	b3	b2	b1	b0	
	3	0	1	1	占先优先级				未使用				

在一个系统中，通常只使用表 2-19 中 5 种分配情况中的一种，具体采用哪一种，需要在初始化时写入一个 32 位寄存器 AIRCR 的[10:8]位中，这 3 个位称为 PRIGROUP。例如，将 0x05 (表 2-19 中的编号)写到 AIRCR 的[10:8]中，那么系统中只有 4 个占先优先级和 4 个副优先级。

表 2-19 所示分组在 STM32 的固件库 misc. h 中的宏定义如下：

```
/*优先级分组-----------------------------------------*/
#define NVIC_PriorityGroup_0        ((u32)0x700) /* 0 位用于占先优先级
                                                    4 位用于副优先级*/
#define NVIC_PriorityGroup_1        ((u32)0x600) /* 1 位用于占先优先级
                                                    3 位用于副优先级*/
#define NVIC_PriorityGroup_2        ((u32)0x500) /* 2 位用于占先优先级
                                                    2 位用于副优先级*/
#define NVIC_PriorityGroup_3        ((u32)0x400) /* 3 位用于占先优先级
                                                    1 位用于副优先级*/
#define NVIC_PriorityGroup_4        ((u32)0x300) /* 4 位用于占先优先级
                                                    0 位用于副优先级*/
```

2.6.5 STM32 的中断向量表

中断服务程序全部保存在 stm32f10x_it. c 文件中，但该文件中的每个 xxx_IRQHandler() 中断处理程序都是空的，可以根据需要编写相应的代码。每个 xxx_IRQHandler() 与 startup_stm32f10x_xx.s 中的中断向量表中的名字一致。因此，只要有中断被触发而且被响应，硬件就会自动跳到固定地址的硬件中断向量表中，程序就能通过硬件自身的总线来读取向量，然后找到 xxx_IRQHandler()程序的入口地址，并放到 PC 中进行跳转，这就是 STM32

的硬件机制。

　　表 2-18 中最右列的中断向量表地址为相对地址,如果存放在 RAM 中,其起始地址为 0x20000000;如果存放在 Flash 中,其起始地址为 0x08000000。在 misc.h 文件中有如下说明:

```
#define NVIC_VectTab_RAM ((uint32_t)0x20000000)
#define NVIC_VectTab_FLASH ((uint32_t)0x08000000)
```

　　根据中断号到中断向量表中查找中断服务程序的函数为 misc.c 中的 NVIC_SetVectorTable (uint32_t NVIC_VectTab, uint32_t Offset):

```
//设置向量表偏移地址
//NVIC_VectTab：基址
//Offset：偏移量
void NVIC_SetVectorTable (uint32_t NVIC_VectTab, uint32_t Offset)
{
    /*查询变量* /
    assert_param( IS_NVIC_VECTTAB( NVIC_VectTab));
    assert_param (IS_NVIC_OFFSET (Offset));
    SCB -> VTOR = NVIC_VectTab | ( Offset & (uint32_t)0x1FFFFF80);
}
```

　　在 NVIC _PriorityGroupConfig()库函数中,引用 NVIC_SetVectorTable()设置中断,向量表在存储器 SRAM 或 Flash 中。

```
//设置 NVIC 分组
void NVIC_PriorityGroupConfig (u8 NVIC_Group)
{
    u32 temp, temp1；
    //配置向量表
    #ifdef VECT_TAB_RAM
    NVIC_SetVectorTable( NVIC_VectTab_RAM, 0x0);
    #else
    NVIC_SetVectorTable( NVIC_VectTab_FLASH, 0x0);
    #endif
    ⋮
}
```

2.6.6　NVIC 简介

　　接口数据传送控制方式有查询、中断和 DMA 等,中断是重要的接口数据传送控制方式。STM32 中断控制分为全局和局部两级,全局中断由 NVIC 控制,局部中断由设备控制。嵌套向量中断控制器 NVIC 支持多个内部异常和多达 240 个外部中断。从广义上讲,异常和中断都是暂停正在执行的程序转去执行异常或中断处理程序,然后再返回原来的程序继续执行；从狭义上讲，异常由内部事件引起，而中断由外部硬件产生。

NVIC 通过 6 种寄存器对中断进行管理，如表 2-20 所示。

表 2-20　NVIC 寄存器

偏移地址	名称	类型	复位值	说　明
0x0000	ISER0	读/写	0x00000000	中断使能设置寄存器 0(中断号 31～0，1 表示允许中断)
0x0004	ISER1	读/写	0x00000000	中断使能设置寄存器 1(中断号 42～32，1 表示允许中断)
0x0080	ICER0	读/写 1 清除	0x00000000	中断使能清除寄存器 0(中断号 31～0，1 表示禁止中断)
0x0084	ICER1	读/写 1 清除	0x00000000	中断使能清除寄存器 1(中断号 42～32，1 表示禁止中断)
0x0100	ISPR0	读/写	0x00000000	中断使能设置寄存器 0(中断号 31～0，1 表示悬起中断)
0x0104	ISPR1	读/写	0x00000000	中断使能设置寄存器 1(中断号 42～32，1 表示悬起中断)
0x0180	ICPR0	读/写 1 清除	0x00000000	中断使能清除寄存器 0(中断号 31～0，1 表示清除悬起)
0x0184	ICPR1	读/写 1 清除	0x00000000	中断使能清除寄存器 1(中断号 42～32，1 表示清除悬起)
0x0200	IABR0	读	0x00000000	中断活动位寄存器 0(中断号 31～0，1 表示中断活动)
0x0204	IABR1	读	0x00000000	中断活动位寄存器 1(中断号 42～32，1 表示中断活动)
0x0300	IPR0～IPR10	读/写	0x00000000	中断优先级寄存器 0～10(1 个中断号占 8 位)

2.6.7　NVIC 的基本功能

Cortex-M3 在内核水平上搭载了一个中断控制器——嵌套向量中断控制器 NVIC。其基本功能包括支持向量中断、中断可屏蔽，支持嵌套中断，缩短中断延迟，以及支持动态优先级调整。

1. 支持向量中断

当开始响应一个中断后，Cortex-M3 会自动定位一张向量表，并且根据中断号从表中找出 ISR 的入口地址，然后跳转过去执行。不需要由软件来分辨到底是哪个中断发生了，也不需要半导体厂商提供私有的中断控制器来完成这种工作，从而大大缩短了中断延迟时间。

2. 中断可屏蔽

中断可屏蔽既可以屏蔽优先级低于某个阈值的中断/异常，也可以屏蔽所有中断(设置

PRIMASK 和 FAULTMASK 寄存器)。这是为了让时间关键任务能在死线(最后期限)到来前完成，从而不被干扰。

3. 支持嵌套中断

支持嵌套中断的作用范围很广，覆盖了所有的外部中断和绝大多数系统异常。外在表现是，这些异常都可以被赋予不同的优先级，当前优先级被存储在 xPSR 的专用字段中。当一个异常发生时，硬件会自动比较该异常的优先级是否比当前异常的优先级更高。如果比当前异常的优先级高，则处理器就会中断当前的中断服务例程(或者普通程序)而服务新来的异常，即立即抢占。

4. 缩短中断延迟

Cortex-M3 为了缩短中断延迟，引入了一些新的特性，包括自动的现场保护和恢复，以及其他措施。

5. 支持动态优先级调整

动态优先级调整是指软件可以在运行期间更改中断的优先级。如果一个发生的异常不能被立即响应，就称它被挂起。如果某个中断服务程序修改了自己所对应中断的优先级，则这个中断可被更高级的中断挂起。

挂起是指暂停正在进行的中断，而执行同级或更高级别的中断。可通过对 ISPR 寄存器置 1 来挂起正在进行的中断，通过对 ICPR 寄存器置 1 来解除挂起正在进行的中断。

少数故障异常是不允许被挂起的。一个异常被挂起的原因，可能是系统当前正在执行一个更高优先级异常的服务程序，或者因相关屏蔽位被置位，导致该异常被禁止。对于每个异常源，在被挂起的情况下，都会有一个对应的“挂起状态寄存器”保存其异常请求。待到该异常能够响应时，执行其服务程序，这与传统的 ARM 是完全不同的。传统的 ARM 中断系统是由产生中断的设备保持请求信号，Cortex-M3 处理器则由 NVIC 的挂起状态寄存器来解决这个问题，即使设备后来已经释放了请求信号，曾经的中断请求也不会丢失。

Cortex-M3 处理器使用一个可以重复定位的向量表，表中包含了将要执行的函数的地址，可供具体的中断使用。中断被接收后，处理器通过指令总线接口从向量表中获取地址。向量表复位时指向零，编程控制寄存器可以使向量表重新定位到中断服务程序。为了提高系统的灵活性，当异常发生时，程序计数器、程序状态寄存器、链接寄存器和 R0～R3、R12 等通用寄存器将被压栈。在数据总线对寄存器压栈的同时，指令总线从程序存储器中取出异常向量，并获取异常代码的第一条指令。一旦压栈和取指完成，中断服务程序或故障处理程序就开始执行，随后寄存器自动恢复，被中断的程序也因此恢复正常的执行。由于采用硬件处理堆栈操作，Cortex-M3 处理器免去了在传统的 C 语言中断服务程序中完成堆栈处理所要编写的程序，这使应用程序的开发变得更为简单。

NVIC 还采用了支持内置睡眠模式的电源管理方案。

2.6.8　NVIC 的硬件结构

NVIC 的硬件结构如图 2-17 所示。由图可知，STM32 的中断和异常是分别处理的，其硬件电路也是分开的。

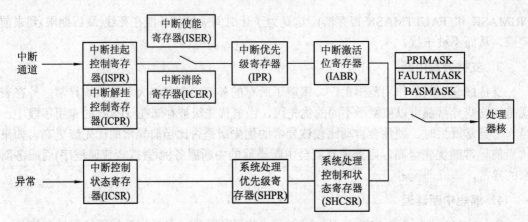

图 2-17 NVIC 的硬件结构

ISER 的作用是对相应的中断进行屏蔽。相应操作是,中断允许位将 ISER 的相应置位置1,中断屏蔽位将 ICPR 的相应位置 1。

IABR 类似于 51 单片机的中断标志寄存器。若 IABR 某位为 1,则表示该位所对应的中断正在被执行。IABR 是一个只读寄存器,通过它可以知道当前正在执行的中断,在中断执行完成后,由硬件自动清零。

2.6.9　NVIC 的库函数

常用的 NVIC 库函数在 stm32f10x_nvic.h 中定义如下:

    void NVIC_SetVectorTable(u32 NVIC_VectTab, u32 Offset);

    void NVIC_PriorityGroupConfig (u32 NVIC_PriorityGroup);

    void NVIC_Init(NVIC_InitTypeDef* NVIC_InitStruct);

注意:SPLib V3.5.0 中的 NVIC 库函数声明在 misc.h 中。

    void NVIC_Init(NVIC_InitTypeDef* NVIC_InitStruct);

NVIC_Init()参数说明:

NVIC_InitStruct: NVIC 初始化参数结构体指针。初始化参数结构体在 stm32f10x_nvic.h 中的定义如下:

    typedef struct

    {

        u8 NVIC_IRQChannel;   //中断号

        u8 NVIC_IRQChannelPreemptionPriority;   //中断抢占优先级

        u8 NVIC_IRQChannelSubPriority;   //中断响应优先级

        FunctionalState NVIC_IRQChannelCmd;   //中断状态(ENABLE 或 DISABLE)

    } NVIC_InitTypeDef;

STM32 还可以通过 PRIMASK 和 FAULTMASK 对中断进行统一屏蔽。其中,PRIMASK 用于允许 NMI 和硬错误异常,其他中断/异常均被屏蔽;FAULTMASK 用于允许 NMI,其他中断/异常均被屏蔽。

2.6.10　EXTI 的硬件结构

STM32 的外部中断/事件控制器 EXTI 对应 19 个中断通道,其中 16 个中断通道 EXTI0~
EXTI15 对应 GPIOx_Pin0~GPIOx_Pin15,另外 3 个是 EXTI16 连接 PVD 的输出(表 2-18
中第 1 号中断)、EXTI17 连接到 RTC 闹钟事件(表 2-18 中第 41 号中断)和 EXTI18 连接到
USB 唤醒事件(表 2-18 中第 42 号中断)。每个中断通道的输入线可以独立地配置输入类型(脉
冲或挂起)和对应的触发事件(上升沿、下降沿或双边沿触发),每个输入线都可以独立地被
屏蔽。挂起寄存器保持着状态线的中断请求。EXTI 的硬件结构如图 2-18 所示。

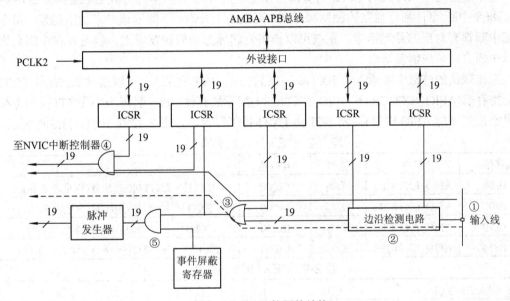

图 2-18　EXTI 的硬件结构

图 2-18 中的实线箭头标出了外部中断信号的传输路径:外部信号从编号①的芯片引脚
进入,经过编号②的边沿检测电路,通过编号③的或门进入中断(挂起请求寄存器),最后
经过编号④的与门输出到 NVIC 中断控制器。在这个通道上有 4 个控制部分:

(1) 图 2-18 的②处,外部信号首先经过边沿检测电路。该边沿检测电路受上升沿或下
降沿选择寄存器控制,用户可以使用这两个寄存器控制需要哪一个边沿产生中断。因为选
择上升沿或下降沿是分别受 2 个寄存器控制的,所以用户可以同时选择上升沿或下降沿。

(2) 编号③的或门的一个输入是边沿检测电路处理的外部中断信号,另一个输入是"软
件中断/事件寄存器"。可以看出,软件可以优先于外部信号请求一个中断或事件,即当"软
件中断/事件寄存器"(即中断控制状态寄存器 ICSR)的对应位为"1"时,不管外部信号如
何,编号③的或门都会输出有效信号。

(3) 中断或事件请求信号经过编号③的或门后,进入挂起请求寄存器,挂起请求寄存
器中记录了外部信号的电平变化。在此之前,中断和事件的信号传输通路都是一致的。

(4) 图 2-18 中的④处,外部请求信号最后经过编号④的与门,向 NVIC 中断控制器发
出一个中断请求,如果中断屏蔽寄存器的对应位为"0",则该请求信号不能传输到与门的
另一端,从而实现了中断的屏蔽。

图 2-18 中下部的虚线箭头标出了外部事件信号的传输路径：外部请求信号经过编号③的或门后，进入编号⑤的与门(该与门用于引入事件屏蔽寄存器的控制)，最后脉冲发生器把一个跳变的信号转变为一个单脉冲，输出到芯片中的其他功能模块。

图 2-18 上部的 APB 总线和外设模块接口是每一个功能模块都有的部分，CPU 通过这样的接口访问各个功能模块。

2.6.11　EXTI 中断

每个配置为输入方式的 GPIO 引脚都可以配置成外部中断/事件方式 EXTI(如图 2-18 所示)。每个中断/事件都有独立的触发和屏蔽，可以是上升沿、下降沿或者双边沿触发。每个外部中断都有对应的悬起标志，系统可以查询悬起标志响应触发请求，也可以在中断允许时以中断方式响应触发请求。

系统默认的外部中断输入线 EXTI0～EXTI15 是 PA0～PA15，可以通过 AFIO 的 EXTI 控制寄存器(AFIO_EXTICR1～AFIO_EXTICR4)配置成其他 GPIO 引脚(访问 EXTI 控制寄存器时必须先使能 AFIO 时钟)。表 2-21 为 EXTI 控制寄存器，表 2-22 是 EXTIx[3:0]配置表。

表 2-21　EXTI 控制寄存器

偏移地址	名称	类型	复位值	说　　明
0x08	AFIO_EXTICR1	读/写	0x000	EXTI3～EXTI 0[3:0]配置(详见表 2-18)
0x0C	AFIO_EXTICR2	读/写	0x000	EXTI7～EXTI4[3:0]配置(详见表 2-18)
0x10	AFIO_EXTICR3	读/写	0x000	EXTI11～EXTI8[3:0]配置(详见表 2-18)
0x14	AFIO_EXTICR4	读/写	0x000	EXTI15～EXTI12[3:0]配置(详见表 2-18)

表 2-22　EXTIx[3:0]配置

EXTIx [3:0]	引脚	EXTIx [3:0]	引脚
0000	PAx	0010	PCx
0001	PBx	0011	PDx

EXTI 控制寄存器另外 4 个 EXTI 线的连接方式为：

(1) EXTI16 连接到 PVD 中断；

(2) EXTI17 连接到 RTC 闹钟中断；

(3) EXTI18 连接到 USB 唤醒中断；

(4) EXTI19 连接到以太网唤醒中断。

相关库函数在 stm32f10x_gpio.h 中的定义如下：

```
void GPIO_EXTILineConfig(u8 GPIO_PortSource, u8 GPIO_PinSource);
```

功能：配置外部中断线。

参数说明：

(1) GPIO_PortSource：GPIO 端口。其在 stm32f10x_gpio.h 中的定义如下：

```
#define GPIO_PortSource GPIOA          ((u8)0x00)
#define GPIO_PortSource GPIOB          ((u8)0x01)
#define GPIO_PortSource GPIOC          ((u8)0x02)
#define GPIO_PortSource GPIOD          ((u8)0x03)
```

(2) GPIO_PinSource：GPIO 引脚。其在 stm32f10x_gpio.h 中的定义如下：

```
#define GPIO_PinSource0        ((u8)0x00)
#define GPIO_PinSource1        ((u8)0x01)
#define GPIO_PinSource2        ((u8)0x02)
#define GPIO_PinSource14       ((u8)0x0E)
#define GPIO_PinSource15       ((u8)0x0F)
```

EXTI 通过 6 个寄存器进行操作，如表 2-23 所示。

表 2-23　EXTI 寄存器

偏移地址	名称	类型	复位值	说　明
0x00	IMR	读/写	0x00000	中断屏蔽寄存器，0：屏蔽；1：允许
0x04	EMR	读/写	0x00000	事件屏蔽寄存器，0：屏蔽；1：允许
0x08	RTSR	读/写	0x00000	上升沿触发选择寄存器，0：禁止；1：允许
0x0C	FTSR	读/写	0x00000	下降沿触发选择寄存器，0：禁止；1：允许
0x10	SWIER	读/写	0x00000	软件中断事件寄存器
0x14	PR	读/写 1 清除	0xXXXXX	请求挂起寄存器，0：无触发请求；1：有触发请求

常用的 EXTI 库函数在 stm32f10x_exti.h 中的定义如下：

```
void EXTI_Init(EXTI_InitTypeDef* EXTI_InitStruct);
FlagStatus EXTI_GetFlagStatus(u32 EXTI_Line);
void EXTI_ClearFlag(u32 EXTI_Line);
```

(1) 初始化 EXTI。

```
void EXTI_Init(EXTI_InitTypeDef* EXTI_InitStruct);
```

参数说明：

EXTI_InitStruct：EXTI 初始化参数结构体指针。初始化参数结构体在 stm32f10x_exti.h 中的定义如下：

```
typedef struct
{
    u32 EXTI_Line;                            //外部中断线
    EXTIMode_TypeDef EXTI_Mode；              //外部中断方式
    EXTITrigger_TypeDef EXTI_Trigger；        //外部中断触发
    FunctionalState EXTI_LineCmd；            //外部中断使能(ENABLE 或 DISABLE)
} EXTI_InitTypeDef；
#define EXTI_Line0        ((u32)0x00001)
#define EXTI_Line1        ((u32)0x00002)
#define EXTI_Line2        ((u32)0x00004)
#define EXTI_Line3        ((u32)0x00008)
#define EXTI_Line4        ((u32)0x00010)
#define EXTI_Line5        ((u32)0x00020)
#define EXTI_Line6        ((u32)0x00040)
```

```
#define EXTI_Line7        ((u32)0x00080)
#define EXTI_Line8        ((u32)0x00100)
#define EXTI_Line9        ((u32)0x00200)
#define EXTI_Line10       ((u32)0x00400)
#define EXTI_Line17       ((u32)0x20000)
#define EXTI_Line18       ((u32)0x40000)


typedef enum
{
    EXTI_Mode_Interrupt = 0x00;                 //中断方式
    EXTI_Mode_Event = 0x04;                     //事件方式
} EXTIMode_TypeDef;


typedef enum
{
    EXTI_Trigger_Rising = 0x08;                 //上升沿触发
    EXTI_Trigger_Falling = 0x0C;                //下降沿触发
    EXTI_Trigger_Rising_Falling = 0x10;         //双边沿触发
} EXTITrigger_TypeDef;
```

(2) 获取 EXTI 标志状态。

```
FlagStatus EXTI_GetFlagStatus (u32 EXTI_Line);
```

参数说明：

EXTI_Line：外部中断线。

返回值：EXTI 标志状态，SET(1)为置位，RESET(0)为复位。

(3) 清除 EXTI 标志。

```
void EXTI_ClearFlag(u32 EXTI_Line);
```

参数说明：

EXTI_Line：外部中断线 EXTI 的 2 级中断控制，如表 2-24 所示。

表 2-24　EXTI 的 2 级中断控制

偏移地址	名称	类型	复位值	说　明
0xE000E100	ISER0	读/写	0x00000000	位 6～10：EXTI0～EXTI4 中断使能；位 23：EXTI5～EXTI9 中断使能
0xE000E104	ISER1	读/写	0x00000000	位 8：EXTI10～EXTI15 中断使能
0x40010400	IMR	读/写	0x00000000	位 0～15：EXTI0～EXTI15 中断使能

注意：ISER 中 EXTI0～EXTI4 分别对应一个全局中断屏蔽位(ISER0 的 6～10)，而 EXTI5～EXTI9 和 EXTI10～EXTI15 分别对应一个全局中断屏蔽位(ISER0 的 23 和 ISER1 的 8)；IMR 中，EXTI0～EXTI15 分别对应一个设备中断屏蔽位(IMR0 的 0～15)。

相关的中断库函数定义如下：

```
void NVIC_Init(NVIC_InitTypeDef* NVIC_InitStruct);
void EXTI_Init(EXTI_InitTypeDef* EXTI_InitStruct);
FlagStatus EXTI_GetFlagStatus(u32 EXTI_Line);
void EXTI_ClearFlag(u32 EXTI_Line);
```

按键中断初始化：

```
//允许 EXTI0 中断
EXTI_InitStruct.EXTI_Line = EXTI_Line0;              //按键连接在 PA0
EXTI_InitStruct.EXTI_Mode = EXTI_Mode_Interrupt;    //中断方式
EXTI_InitStruct.EXTI_Trigger = EXTI_Trigger_Falling; //下降沿触发
EXTI_InitStruct.EXTI_LineCmd = ENABLE;
EXTI_Init(GEXTI_InitStruct);
//允许 NVIC EXTI0 中断
NVIC_InitStruct.NVIC_IRQChannel = EXTI0_IRQChannel;  //中断号
NVIC_InitStruct.NVIC_IRQChannelPreemptionPriority = 0;
NVIC_InitStruct.NVIC_IRQChannelSubPriority = 0;
NVIC_InitStruct.NVIC_IRQChannelCmd = ENABLE;
NVIC_Init(&NVIC_InitStruct);
```

按键中断处理：

```
void EXTI0_IRQHandler(void)
{//按键按下
    if(EXTI_GetFlagStatus(EXTI_Line0))
    {
        delay_ms(10);                               //延时 10 ms 消抖
        if (!GPIO_ReadInputDataBit(GPIOA, GPIO_Pin_0))
        {
            dir = ~dir;                             //按键处理
        }
        EXTI_ClearFlag(EXTI_Line0);
    }
}
```

2.6.12 USART 中断

USART 的中断库函数在 stm32f10x_usart.h 中的定义如下：

```
void USART_ITConfig(USART_TypeDef* USARTx, u16 USART_IT, FunctionalState NewState);
```

功能：配置 USART 中断。

参数说明：

(1) USARTx：USART 名称，取值是 USART1、USART2 等。

(2) USART_IT：USART 中断类型。其在 stm32f10x_usart.h 中的定义如下：

#define USART_IT_TXE	((u16)0x0727)	//TXE 中断
#define USART_IT_IC	((u16)0x0626)	//IC 中断
#define USART_IT_RXNE	((u16)0x0525)	//RXNE 中断
#define USART_IT_IDLE	((u16)0x0424)	//IDLE 中断
#define USART_IT_LBD	((u16)0x0846)	//LBD 中断
#define USART_IT_CTS	((u16)0x096A)	//CTS 中断
#define USART_IT_ERR	((u16)0x0060)	//ERR 中断

(3) NewState：USART 中断新状态，ENABLE 为允许中断，DISABLE 为禁止中断。

USART 的 2 级中断控制如表 2-25 所示。

表 2-25　USART 的 2 级中断控制

偏移地址	名　称	类型	复位值	说　明
0xE000E104	ISER1	读/写	0x00000000	位 7～5：USART3～USART1 全局中断使能
0x4001380C	USART1_CR1	读/写	0x00000000	位 7：TXE 中断使能；位 5：RXNE 中断使能
0x4000440C	USART2_CR1	读/写	0x00000000	
0x4000480C	USART3_CR1	读/写	0x00000000	

相关的中断库函数定义如下：

```
void NVIC_Init(NVIC_InitTypeDef* NVIC_InitStruct);
void USART_ITConfig(USART_TypeDef* USARTx, u16 USART_IT, FunctionalState NewState);
```

USART 中断初始化：

```
//允许 USART2 接收中断
USART_ITConfig(USART2, USART_IT_RXNE, ENABLE);
//允许 NVIC USART2 中断
NVIC_InitStruct.NVIC_IRQChannel = USART2_IRQChannel;
NVIC_InitStruct.NVIC_IRQChannelPreemptionPriority = 0;
NVIC_InitStruct.NVIC_IRQChannelSubPriority = 0;
NVIC_InitStruct.NVIC_IRQChannelCmd = ENABLE;
NVIC_Init(&NVIC_InitStruct);
```

USART 中断处理：

```
void USART2_IRQHandler(void);
```

其内容和查询接收程序的完全相同，但本质的区别是调用方式不同。

2.6.13　TIM 中断

TIM 的中断库函数在 stm32f10x_tim.h 中的定义如下：

```
void TIM_ITConfig(TIM_TypeDef* TIMx, u16 TIM_IT, FunctionalState NewState);
```

功能：配置 TIM 中断。

参数说明:

(1) TIMx: TIM 名称,取值是 TIM1、TIM2 等。

(2) TIM_IT: TIM 中断类型。其在 stm32f10x_tim.h 中的定义如下:

#define TIM_IT_Update	((u16)0x0001)	//更新中断
#define TIM_IT_CC1	((u16)0x0002)	//捕捉/比较 1 中断
#define TIM_IT_CC2	((u16)0x0004)	//捕捉/比较 2 中断
#define TIM_IT_CC3	((u16)0x0008)	//捕捉/比较 3 中断
#define TIM_IT_CC4	((u16)0x0010)	//捕捉/比较 4 中断
#define TIM_IT_COM	((u16)0x0020)	//捕捉/比较中断
#define TIM_IT_Trigger	((u16)0x0040)	//触发中断
#define TIM_IT_Break	((u16)0x0080)	//刹车中断

(3) NewState: TM 中断新状态,ENABLE 为允许中断,DISABLE 为禁止中断。

TIM 的 2 级中断控制如表 2-26 所示。

表 2-26　TIM 的 2 级中断控制

偏移地址	名　称	类型	复位值	说　　明
0xE000E100	ISER0	读/写	0x00000000	位 30~28: TIM4~TIM2 全局中断使能; 位 27: TIM1 捕获/比较中断使能; 位 25: TIM1 更新中断使能
0x40012C0C	TIM1_DIER	读/写	0x00000000	位 4~1: 捕获/比较 4~1 中断使能; 位 0: 更新中断使能
0x4000000C	TIM2_DIER	读/写	0x00000000	
0x4000040C	TIM3_DIER	读/写	0x00000000	
0x4000080C	TIM4_DIER	读/写	0x00000000	

注意: ISER 中 TIM1 对应 4 个全局中断屏蔽位(ISER0 的 24~27),TIM2~TIM4 分别对应 1 个全局中断屏蔽位(ISER0 的 28~30),TIM1_DIER~TIM4_DIER 中的相应位分别对应 TIM1~TIM4 的设备中断屏蔽位。

相关的中断库函数定义如下:

```
void NVIC_Init(NVIC_InitTypeDef* NVIC_InitStruct);

void TIM_ITConfig(TIM_TypeDef* TIMx, u16 TIM_IT, FunctionalState NewState);
```

TIM1 中断初始化:

```
TIM_ITConfig(TIM1, TIM_IT_Update, ENABLE);

NVIC_InitStruct.NVIC_IRQChannel = TIM1_UP_IRQChannel;

NVIC_InitStruct.NVIC_IRQChannelPreemptionPriority = 0;

NVIC_InitStruct.NVIC_IRQChannelSubPriority = 0;

NVIC_InitStruct.NVIC_IRQChannelCmd = ENABLE;

NVIC_Init(&NVIC_InitStruct);
```

TIM1 中断处理:

```
void TIM1_UP_IRQHandler(void);
```

TIM 中断程序的设计与实现在 TIM 程序设计与实现的基础上修改完成。具体的操作步骤如下：

    (1) 在 tim.c 中 TIM1_Init()的 TIM_OCInitTypeDef TIM_OCInitStruct 后添加下列语句：

        NVIC_InitTypeDef NVIC_InitStruct；

    (2) 在 tim.c 的 TIM1_Init()中追加下列语句：

        TIM_ITConfig(TIM1, TIM_IT_Update, ENABLE)；

        NVIC_InitStruct. NVIC_IRQChannel = TIM1_UP_IRQChannel；

        NVIC_InitStruct.NVIC_IRQChannelPreemptionPriority = 0；

        NVIC_InitStruct. NVIC_IRQChannelSubPriority = 0；

        NVIC_InitStruct. NVIC_IRQChannelCmd = ENABLE；

        NVIC_Init(&NVIC_InitStruct)；

        TIM1->DIER |= 1；   //允许 TIM1 更新中断

        NVIC->ISER[0] |= <<25；   //允许 NVIC TIM1 更新中断

    (3) 将 TIM1 处理子程序名：

        //void TIM1_Proc(void)

    修改为 TIM1 更新中断处理程序名：

        void TIM1_UP_IRQHandler(void)

    (4) 注释掉 TIM1 处理子程序中的下列语句：

        if (TIM_GetFlagStatus (TIM1, TIM_FLAG_Update))

    注意：在 TIM1 更新中断处理程序中，上述 if 语句是中断源查询语句，由于 TIM1 更新中断只有一个中断源，因此不需要再进行查询。而对于 EXTI5～EXTI9、EXTI10～EXTI15、USART1～USART3、TIM2～TIM4 和 ADC 等全局中断，因为每个中断都有多个中断源，所以在中断处理程序中还必须再对中断源进行查询。但如果只允许其中一个中断源，则通常也不需要再进行查询。

    (5) 注释掉 TIM1 处理子程序中的下列语句：

        printf ("%4u\r\n", CCR1_Val)；

    注意：中断处理程序中不能使用像 printf()这样比较耗时的函数。如果需要输出 CCR1_Val 的值，可以在 main.c 中将 CCR1_Val 声明为全局变量，并将上述 printf 语句放在 while(1)中。

    (6) 注释掉 main.c 中 while(1)中的下列语句：

        // TIM1_Proc()；

    (7) 在 FWLib(官方标准的库文件)中添加库文件 stm32f10x_nvic.c 和 cortexm3_macro.s，或删除所有源码库文件 stm32f10x_*.c，添加编译库文件 STM32F10xR.lib。

2.6.14 ADC 中断

    ADC 的中断库函数在 stm32f10x_adc.h 中的定义如下：

        void ADC_ITConfig(ADC_TypeDef* ADCx, u16 ADC_IT, FunctionalState NewState)；

功能：配置 ADC 中断。

参数说明：

(1) ADCx：ADC 名称，取值是 ADC1、ADC2 等。

(2) ADC_IT：ADC 中断类型。其在 stm32f10x_adc.h 中的定义如下：

```
#define ADC_IT_EOC      ((u16)0x0220)      //转换结束中断
#define ADC_IT_AWD      ((u16)0x0140)      //模拟看门狗中断
#define ADC_IT_JEOC     ((u16)0x0480)      //注入通道转换结束中断
```

(3) NewState：TIM 中断新状态，ENABLE 为允许中断，DISABLE 为禁止中断。

ADC 的 2 级中断控制如表 2-27 所示。

表 2-27　ADC 的 2 级中断控制

偏移地址	名　称	类型	复位值	说　明
0xE000E100	ISER0	读/写	0x00000000	位 18：ADC1 与 ADC2 的全局中断使能
0x40012404	ADC1_CR1	读/写	0x0000	位 7：注入通道转换结束中断使能；位 5：
0x40012804	ADC2_CR1	读/写	0x0000	转换结束中断使能

注意：ADC1 和 ADC2 合用一个全局中断屏蔽位(ISER0 的 18)。

相关的中断库函数声明如下：

```
void NVIC_Init(NVIC_InitTypeDef* NVIC_InitStruct);

void ADC_ITConfig(ADC_TypeDef* ADCx, u16 ADC_IT, FunctionalState NewState);
```

ADC 中断初始化：

```
ADC_ITConfig(ADC1, ADC_IT_EOC,ENABLE);

NVIC_InitStruct.NVIC_IRQChannel = ADC1_2_IRQChannel;

NVIC_InitStruct.NVIC_IRQChannelPreemptionPriority = 0;

NVIC_InitStruct.NVIC_IRQChannelSubPriority = 0;

NVIC_InitStruct.NVIC_IRQChannelCmd = ENABLE;

NVIC_Init(&NVIC_InitStruct);
```

ADC 中断处理：

```
void ADC_IRQHandler(void);
```

ADC 中断程序的设计与实现在 ADC 程序设计与实现的基础上修改完成。具体步骤如下：

(1) 在 adc.c 中 ADC1_Init()的 ADC_InitTypeDef ADC_InitStruct 语句后添加下列语句：

```
NVIC_InitTypeDef NVIC_InitStruct;
```

(2) 在 adc.c 的 ADC1_Init()中追加下列语句：

```
ADC_ITConfig(ADC1, ADC_IT_EOCr, ENABLE);

NVIC_InitStruct. NVIC_IRQChannel = ADC1_2_IRQChannel;

NVIC_InitStruct.NVIC_IRQChannelPreemptionPriority = 0;

NVIC_InitStruct. NVIC_IRQChannelSubPriority = 0;

NVIC_InitStruct. NVIC_IRQChannelCmd = ENABLE;
```

```
NVIC_Init(&NVIC_InitStruct);
/*或
ADC1->CR1 |= <<5;          //允许 ADC1 转换结束中断
NVIC->ISER[0] |= 1<<18;   //允许 ADC1 和 ADC2 全局中断
*/
```

(3) 将 ADC1 处理子程序名：

```
//void ADC1_Proc(void)
```

修改为 ADC 中断处理程序名：

```
void ADC_IRQHandler(void)
```

(4) 将 ADC1 处理子程序中的下列语句：

```
u16 adc_dat [2];
```

修改为：

```
extern u16 adc_dat[2];
```

(5) 注释掉 ADC1 处理子程序中的下列语句：

```
printf("%4.2fV ", adc_dat[0] * 3.3/4095);                          //输出电压值
printf("%5.2fC\r\n", 25+(5855.85-3.3*adc_dat[1]) / 17.6085);      //输出温度值
```

注意：因为 ADC1 设置为连续转换模式，所以如果不把 printf()语句注释掉，则在执行 printf 语句时 ADC1 会再次产生中断，造成显示结果错误。

警告：中断服务程序中不要使用 printf()等执行时间较长的语句。

(6) 在 main.c 中定义下列全局变量：

```
u16 adc_dat[2];
```

(7) 将 main.c 中 while(1)的下列语句：

```
ADC1_Proc();
```

修改为：

```
printf("%4.2fV",adc_dat[0] *3.3/4095);                          //输出电压值
printf("%5.2f °C\r\n",25+(5855.85-3.3*adc_dat[1]) /17.6085);    //输出温度值
```

(8) 在 FWLib 中添加库文件 stm32f10x_nvic.c 和 cortexm3_macro.s，或删除所有源码库文件 stm32fl0x_*.c，添加编译库文件 STM32F10xR.lib。

2.6.15 中断实例

EXTI 程序设计的一般步骤如下：
(1) 配置 GPIO 端口工作方式。
(2) 配置 GPIO 端口时钟、GPIO 和 EXTI 的映射关系。
(3) 配置 EXTI 的触发条件。
(4) 配置相应的 NVIC。
(5) 编写中断服务函数。
上述步骤中，NVIC 的相关配置如下：
(1) 设置优先级组寄存器，使用一组(1 位占先优先级，3 位副优先级)。

(2) 如果需要重定位向量表，需先把硬故障和 NMI 服务例程的入口地址写到新向量表项所在的地址中。

(3) 若需重定位，则应配置向量表偏移量寄存器，使之指向新的向量表。

(4) 为该中断建立中断向量。因为向量表可能已经重定位了，因此需要先读取向量表偏移量寄存器的值；然后根据该中断在表中的位置，计算出对应的表项；再把服务例程的入口地址输入进去。如果一直使用程序存储器中的向量表，则不需要进行该步操作。

(5) 为该中断设置占先优先级和副优先级。

(6) 使能该中断。

1．按键中断例子

1) 任务要求

按下 PC1、PA8、PC4、PC2 所接按键触发中断，中断服务程序中相应的 PA0～PA3 所接的发光二极管状态改变。

2) 硬件原理图

LED 显示原理图如图 2-19 所示，键盘硬件原理图如图 2-20 所示。

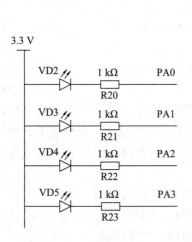

图 2-19　LED 显示原理图

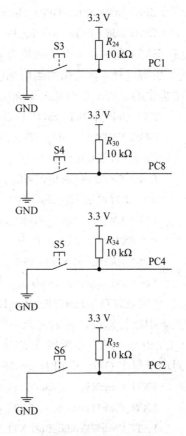

图 2-20　键盘硬件原理图

3) 程序分析

(1) 时钟配置：配置 SystemInit()函数，使系统时钟为 72 MHz。

(2) GPIO 配置：在 GPIO_Configuration()函数中包含如下两段代码。

① 由于 PA0～PA3 需要驱动 LED 显示，因此其工作模式配置成推挽输出，代码如下：

```
GPIO_InitStructure. GPIO_Pin = GPIO_Pin_0 | GPIO_Pin_1 | GPIO_Pin_2 | GPIPO_Pin_3;

GPIO_InitStructure. GPIO_Speed = GPIO_Speed_50MHz;

GPIO_InitStructure. GPIO_Mode = GPIO_Mode_Out_PP;

GPIO_Init(GPIOA, &GPIO_InitStructure);
```

② PC1、PA8、PC4、PC2 接按键，因此设置成输入模式，代码如下：

```
/*配置 PC. 1, PC. 2, PC. 4 为输入模式*/

GPIO_InitStructure. GPIO_Pin = GPIO_Pin_1 | GPIO_Pin_2 | GPIO_Pin_4;

GPIO_InitStructure. GPIO_Speed = GPIO_Speed_50MHz;

GPIO_InitStructure. GPIO_Mode = GPIO_Mode_IPU;

GPIO_Init( GPIOC, &GPIO_InitStructure);

/*配置 PA. 8 为输入模式*/

GPIO_InitStructure. GPIO_Pin = GPIO_Pin_8;

GPIO_InitStructure. GPIO_Speed = GP10_Speed_50MHz;

GPIO_InitStructure. GPIO_Mode = GPIO_Mode_IPU;

GPIO_Init( GPIOA , &GPIO_InitStructure);
```

(3) EXTI 配置：涉及的函数为 EXTI_Configuration(void)。

① 引脚选择。首先指明当前系统中使用哪个引脚用于触发外部中断，这里直接使用固件库中提供的 GPIO_EXTILineConfig()函数来指定。

```
EXTI_InitTypeDef    EXTI_InitStructure;

GPIO_EXTILineConfig(GPIO_PortSourceGPIOC,GPIO_PinSource1);

//将 EXTI 线连接到 GPIO 第 1 个引脚上

GPIO_EXTILineConfig(GPIO_PortSourceGPIOC, GPIO_PinSource2);

//将 EXTI 线连接到 GPIO 第 2 个引脚上

GPIO_EXTILineConfig(GPIO_PortSourceGPIOC, GPIO_PinSource4);

//将 EXTI 线连接到 GPIO 第 4 个引脚上

GPIO_EXTILineConfig(GPIO_PortSourceGPIOA, GPIO_PinSource8);

//将 EXTI 线连接到 GPIO 第 8 个引脚上
```

② 使用 EXTI_ClearITPendingBit()函数清除中断标志位。进入中断服务程序后，首先需要清除中断标志位，否则它会不断响应中断，不断进入中断函数。另外需要说明的是，EXTI_Line0 表示的是中断线 0。以此类推，外部中断中的 GPIO 有 16 个中断线，分别是 0～15，对应于每个 GPIO 端口的 0～15 引脚。

```
EXTI_ClearITPendingBit(EXTI_Line1);        //清 EXTI 线 1 中断挂起位

EXTI_ClearITPendingBit(EXTI_Line2);        //清 EXTI 线 2 中断挂起位

EXTI_ClearITPendingBit(EXTI_Line4);        //清 EXTI 线 4 中断挂起位

EXTI_ClearITPendingBit (EXTI_Line8);       //清 EXTI 线 8 中断挂起位
```

③ 设置外部中断结构体的成员，如 EXTI_Mode_Interrupt(即中断)，还有一个是 EXTI_Mode_Event (即事件请求)。

```
EXTI_InitStructure. EXTI_Mode = EXTI_Mode_Interrupt;
EXTl_InitStructure. EXTI_Trigger = EXTI_Trigger_Falling;    //下降沿触发
EXTI_InitStructure.EXTI_Line =EXTI_Line1 | EXTI_Line2 | EXTI_Line4 | EXTI_Line8;
EXTI_InitStructure. EXTI_LineCmd = ENABLE;                  //使能
EXTI_Init( &EXTI_lnitStructure);
```

(4) NVIC 配置：涉及的函数为 NVIC_Config(void)。此函数分为 4 部分，分别针对中断线 0～3，其结构都相同。NVIC_PriorityGroupConfig()函数可配置占先优先级和副优先级。

```
NVIC_PriorityGroupConfig (NVIC_PriorityGroup_1);  //用 1 位配置优先级分组
/*启用 EXTI 中断，抢占优先级为 0，子优先级为 2*/
NVIC_InitStructure. NVIC_IRQChannel = EXTI1 _IRQChannel;
NVIC_InitStructure. NVIC_IRQChannelPreemptionPriority = 0;
NVIC_InitStructure. NVIC_IRQChannelSubPriority = 2;
NVIC_InilStruclure. NVIC_IRQChannelCmd = ENABLE;
NVIC_Init(&NVIC_InitStructure);


NVIC_PriorityGroupConfig(NVIC_PriorityGroup_1);
NVIC_InitStructure. NVIC_IRQChannel = EXTI2_IRQChannel;
NVIC_InitStructure. NVIC_IRQChannelPreemptionPriority = 0;
NVIC_InitStructure. NVIC_IRQChannelSubPriority = 2;
NVIC_InitStructure. NVIC_IRQChannelCmd = ENABLE;
NVIC_Init( &NVIC_InitStructure);


NVIC_PriorityGroupConfig(NVIC_PriorityGroup_1);
NVIC_InitStructure. NVIC_IRQChannel = EXTI4_IRQChannel;
NVIC_InitStructure. NVIC_IRQChannelPreemptionPriority = 0;
NVIC_InitStructure. NVIC_IRQChannelSubPriority = 2;
NVIC_InitStructure. NVIC_IRQChannelCmd = ENABLE;
NVIC_Init( &NVIC_InitStructure);


NVIC_PriorityGroupConfig(NVIC_PriorityGroup_1);
NVIC_InitStructure. NVIC_IRQChannel = EXTI9_5_IRQChannel;
//注意 EXTI 的配置，还要注意中断函数的写法

NVIC_InitStructure. NVIC_IRQChannelPreemptionPriority = 0;
NVIC_InitStructure. NVIC_IRQChannelSubPriority = 2;
NVIC_InitStructure. NVIC_IRQChannelCmd = ENABLE;
NVIC_Init( &NVIC_InitStructure);
```

(5) 中断子函数 PC1 中断服务程序如下：

```
void EXTI1_IRQHandler(void)
```

```
    {
        if (EXTI_GetITStatus(EXTI_Line1) != RESET        //判断是否有键按下
        {
            Delay (140);
            if ((GPIO_ReadInputData(GPIOC) &0x0016) != 0x0016)
            {
                while ((GPIO_ReadInputData (GPIOC) &0x0016) != 0x0016)
                {
                };
                //使 LED 状态翻转
                GPIO_WriteBit(GPIOA, GPIO_Pin_0, (Bit Action)!(GPIO_ReadInputDataBit
                (GPIOA, GPIO_Pin_0)));
            }
        }
        EXTI_ClearITPendingBit( EXTI_Line1);                //清中断
    }
```

PA8 中断服务程序如下：

```
    void EXTI9_5_IRQHandler(void)
    {
        if (EXTI_GetITStatus(EXTI_Line8) != RESET)
        {
            Delay (140);
            if (!(GPIO_ReadInputDataBit(GPIOA, GPIO_Pin_8)))
            {
                while (!(GPIO_ReadInputDataBit(GPIOA, GPIO_Pin_8)))
                {
                }
                //使 LED 状态翻转
                GPIO_WriteBit(GPIOA, GPIO_Pin_1, (BitAction)! (GPIO_ReadInputDataBit (GPIOA,
                GPIO_Pin_1)));
            }
        }
        EXTI_ClearITPendingBit(EXTI_Line8);                //清中断
    }
```

说明：中断服务程序简单、易懂，但在编写中断函数入口时，要注意函数名的写法。函数名只有如下 3 种命名方法：

① EXTI0_IRQHandler；定义 EXTI 线 0
   EXTI1_IRQHandler；定义 EXTI 线 1
   EXTI2_IRQHandler；定义 EXTI 线 2

EXTI3_IRQHandler；定义 EXTI 线 3

EXTI4_IRQHandler；定义 EXTI 线 4

② EXTI9_5_IRQHandler；定义 EXTI 线 5～9

③ EXTI15_10_IRQHandler；定义 EXTI 线 10～15

中断线 5 后不能单独成为一个函数名，都必须写为 EXTI9_5_IRQHandler 和 EXTI15_10_IRQHandler。如果写为 EXTI5_IRQHandler、EXTI6_IRQHandler、…、EXTI15_IRQHandler，编译器不会报错，但中断服务程序不能工作。

由于每个中断线都有专用的状态位，因此在中断服务程序中判断中断线标志位就可以判定是哪根线产生的中断。例如，可以利用 if (EXTI_GetTStatus(EXTI_Line5) != RESET) 语句来判断是否是中断线 5 引起了中断。

(6) 编写主程序 while() 函数。

2．中断嵌套案例 1

1) 任务要求

设计一个中断优先级抢占实例。设置 3 个中断，即 EXTI1、EXTI2 和 SysTick，初始优先级参数 PreemptionPriorityVale = 0，3 个中断的优先级设置如表 2-28 所示。

表 2-28　中断源优先级

中断	占先优先级	副优先级
EXTI1	PreemptionPriorityVale	0
EXTI2	0	1
SysTick	!PreemptionPriorityVale	0

如果 EXTI1 被 SysTick 抢占，则 PA2 和 PA3 的 LED 闪烁；如果 EXTI1 抢占 SysTick，则 PA2 和 PA3 的 LED 状态保持；EXTI1 和 SysTick 优先级切换通过 EXTI2 来完成。

2) 硬件原理图

PA2 和 PA3 接 LED，键盘硬件原理图如图 2-21 所示。

3) 程序分析

(1) 部分初始化参数源代码如下：

```
…
bool PreemptionOccured = FALSE;
unsigned char PreemptionPriorityVale = 0;
…
```

NVIC_Config() 初始化设置函数如下：

```
void NVIC_Config(void)
{
    NVIC_SetVectorTable(NVIC_VectTab_FLASH ,0x0);
    NVIC_PriorityGroupConfig(NVIC_PriorityGroup_1);
    NVIC_InitStructure. NVIC_IRQChannel = EXTI1_IRQn;        //通道
    NVIC_InitStructure. NVIC_IRQChannelPreemptionPriority = PreemptionPriorityVale；
```

```
                NVIC_InitStructure. NVIC_IRQChannelSubPriority = 0;
                NVIC_InitStructure. NVIC_IRQChannelCmd = ENABLE;
                NVIC_Init(&NVIC_InitStructure);

                NVIC_InitStructure. NVIC_IRQChannel = EXTI2_IRQn;        //通道
                NVIC_InitStructure. NVIC_IRQChannelPreemptionPriority = 0;
                NVIC_InitStructure. NVIC_IRQChannelSubPriority = 1；
                NVIC_InitStructure. NVIC_IRQChannelCmd = ENABLE;
                NVIC_Init(&NVIC_InitStructure);

                NVIC_SetPriority(SysTick_IRQn,     NVIC_EncodePriority(NVIC_GetPriorityGrouping    (),
          Preemption PriorityVale, 0));
             }
```

(2) 主函数 main()中的主线程设置全局变量 PreemptionOccured 用于记录 EXTI0 是否被 SysTick 抢占，若抢占，则 Pin_2 和 Pin_3 的 LED 闪烁。源代码如下：

```
          while (1)
          {
                if (PreemptionOccured != FALSE)
                {
                    //Pin_2 和 Pin_3 的 LED 闪烁
                    GPIO_WriteBit(GPIOA, GPIO_Pin_2, (BitAction) (1-GPIO_ReadOutDataBit(GPIOA, GPIO_
          Pin_2)));
                    Delay(l000);
                    GPIO_WriteBit(GPIOA, GPIO_Pin_3, (BitAction) (1-GPIO_ReadOutDataBit(GPIOA, GPIO_
          Pin_3));
                    Delay(1000);
                }
          }
```

(3) EXTI1 中断服务函数屏蔽 SysTick 中断。源代码如下：

```
          void EXTI1 _IRQHandler(void)
          {
                SCB-> ICSR = 0x04000000;                    //屏蔽 SysTick 中断
                EXTI_ClearITPendingBit(EXTI_Line1);         //清 EXTI1 中断标志
          }
```

(4) EXTI2 中断服务函数将 PreemptionOccured 标志置为 FALSE，使 LED 停止闪烁；改变 EXTI0 和 SysTick 的优先级，使二者优先级顺序对换。源代码如下：

```
          void EXTI2_IRQHandler(void)
          {
                if (EXTI_GetITStatus(EXTI_Line2) != RESET)
```

```
            {
                PreemptionOccured = FALSE；//优先级是否被抢占标志
                PreemptionPriorityVale != PreemptionPrionlyVale；            //改变 EXTI1 优先级
                NVIC_InitStructure. NVIC_IRQChannel = EXTI1_IRQn;
                NVIC_InitStructure. NVIC_IRQChannelPreemptionPriority = PreemptionPriorityVale；
                NVIC_InitStructure. NVIC_IRQChannelSubPriority = 0；
                NVIC_InitStructure. NVIC_IRQChannelCmd = ENABLE;
                NVIC_Init(&NVIC_InitStructure);
                //改变 SysTick 优先级
                NVIC_SetPriority (SysTick_IRQn, NVIC_EncodePriority (NVIC_GetPriorityGrouping (),
        PreemptionPriorityVale ,0));
                EXTI_ClearITPendingBit( EXTI_Line2 )；//清 EXTI2 中断标志
            }
        }
```

(5) SysTick 中断服务函数判断 EXTI0 是否有中断申请。若有，则 EXTI0 中断标志置位，将 PreemptionOccured 标志置为 TRUE，使 LED 闪烁。源代码如下：

```
        void SysTick_Handler(void)
        {
            if (EXTI_GetFlagStatus (EXTI_Line1) !=0)    //按键 0 是否有中断申请
            {
                PreemptionOccured = TRUE;
                EXTI_ClearITPendingBit(EXTI_Line1);
            }
        }
```

由上述程序分析可知，程序初始执行时，PreemptionOccured = FALSE，因此 LED 不闪烁；PreemptionPriorityVale = 0，说明 EXTI1 的优先级高于 SysTick 的，因此按下 PC1，则 EXTI1 优先于 SysTick 执行，LED 仍不闪烁。

按下 PC2 按键后，由于 EXTI1 的优先级高于 SysTick 的，因此执行 EXTI1 中断服务程序，将 EXTI1 的优先级改为低(0)，将 SysTick 的优先级改为高(1)，再按下 PC1 按键，由于 EXTI1 的优先级低于 SysTick 的，因此 EXTI1 中断标志置位但 EXTI1 中断服务程序不执行；SysTick 抢占 EXTI1 执行，判断 EXTI1 中断标志置位后将 PreemptionOccured = TRUE，此时 LED 闪烁，说明 SysTick 抢占 EXTI1 成功。

然后再按下 PC2 按键，将 PreemptionOccured = FALSE，使 LED 不闪烁；EXTI1 的优先级改为高(1)，将 SysTick 的优先级改为低(0)，SysTick 无法抢占 EXTI1，因此再按下 PC1 按键，LED 也不会闪烁。

3. 中断嵌套案例 2

1) 任务要求

配置 3 个 EXTI 外部中断，即 EXTI1、EXTI2 和 EXTI3，并分别赋予它们由低到高的抢占优先级。首先触发 EXTI1 中断，并在其中断服务返回前触发 EXTI2 中断；同样，在

EXTI2 中断服务返回前触发 EXTI3 中断。按照此流程，共发生两次中断嵌套，并且在 EXTI3 中断服务完成后依 EXTI3—EXTI2—EXTI1 的次序进行中断返回。以上过程使用串口上位机打印信息，其程序流程图如图 2-21 所示。

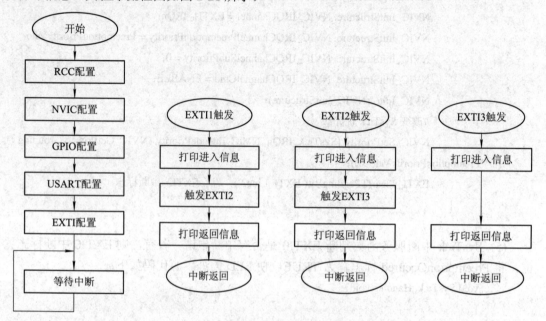

图 2-21　中断嵌套案例 2 程序流程图

2) 硬件原理图

USART 原理图如图 2-22 所示。

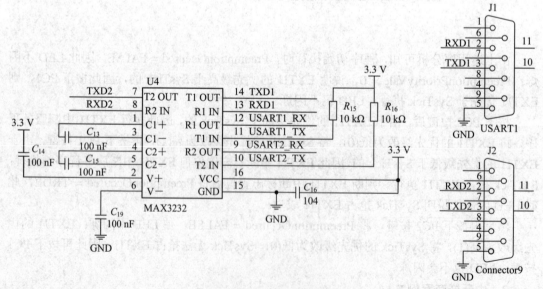

图 2-22　USART 原理图

3) 程序分析

(1) PC1 初始化函数 GPIO_Configuration (void)。

```
        GPIO_InitStructure. GPIO_Pin = GPIO_Pin_1;
        GPIO_InitStructure. GPIO_Speed = GPIO_Speed_50MHz;
        GPIO_InitStructure. GPIO_Mode = GPIO_Mode_IPU;
        GPIO_Init(GPIOC, &GPIO_InitStructure);
```

(2) EXTI 初始化函数 EXTI_Configuration(void)。

```
    void EXTI_Configuration(void)
    {
        EXTI_InitTypeDef EXTI_InitStructure;
        GPIO_EXTILineConfig(GPIO_PortSourceGPIOC, GPIO_PinSource1);
        GPIO_EXTILineConfig(GPIO_PortSourceGPIOC, GPIO_PinSource2);
        GPIO_EXTILineConfig(GPIO_PortSourceGPIOC, GPIO_PinSource3);
        EXTI_ClearITPendingBit( EXTI_Line3);
        EXTI_ClearITPendingBit(EXTI_Line2);
        EXTI_ClearITPendingBit( EXTI_Line1);

        EXTI_InitStructure. EXTI_Mode = EXTI_Mode_Interrupt;
        EXTI_InitStructure. EXTI_Trigger = EXTI_Trigger_Falling;
        EXTI_InitStructure. EXTI_Line = EXTI_Line1| EXTI_Line2 | EXTI_Line3;
        EXTI_InitStructure. EXTI_LineCmd = ENABLE;
        EXTI_Init(&EXTI_InitStructure);
    }
```

(3) NVIC 初始化函数 NVIC_Config (void)。

```
    void NVIC_Config(void)
    {
        NVIC_InitTypeDef NVIC_InitStructure;
        NVIC_PriorityGroupConfig(NVIC_PriorityGroup_2);
        NVIC_InitStructure. NVIC_IRQChannel = EXTI_IRQChannel;
        NVIC_InitStructure. NVIC_IRQChannelPreemptionPriority = 3;
        NVIC_InitStructure. NVIC_IRQChannelSubPriority = 0;
        NVIC_InitStructure. NVIC_IRQChannelCmd = ENABLE;
        NVIC_Init( &NVIC_InitStructure);

        NVIC_PriorityGroupConfig( NVIC_PriorityGroup_2);
        NVIC_InitStructure. NVIC_IRQChannel = EXTI2_IRQChannel;
        NVIC_InitStructure. NVIC_IRQChannelPreemptionPriority = 2;
        NVIC_InitStructure. NVIC_IRQChannelSubPriority = 0;
        NVIC_InitStructure. NVIC_IRQChannelCmd = ENABLE;
        NVIC_Init(&NVIC_InitStructure);
```

```
        NVIC_PriorityGroupConfig(NVIC_PriorityGroup_2);
        NVIC_InitStructure. NVIC_IRQChannel = EXTI3_IRQChannel;
        NVIC_InitStructure. NVIC_IRQChannelPreemptionPriority = 1;
        NVIC_InitStructure. NVIC_IRQChannelSubPriority = 0;
        NVIC_InitStructure. NVIC_IRQChannelCmd = ENABLE;
        NVIC_Init(&NVIC_InitStructure);
    }
```

由上述程序可以看出，PC3 的抢占优先级高于 PC2 的，PC2 的高于 PC1 的。

(4) 中断服务程序。

```
    void EXTI1 _IRQHandler(void)
    {
        if (EXTI_GetITStatus (EXTI_Line1) != RESET)
        {
            EXTI_ClearFlag( EXTI_Line1);
            printf ("\r\nEXTI1 IRQHandler enter. \r\n");
            EXTI_GenerateSWInterrupt ( EXTI_Line2);
            printf ("\r\nEXTI1 IRQHandler return. \r\n");
            EXTI_ClearITPendingBit(EXTI_Line1);
            EXTI_ClearITPendingBit(EXTI_Line2);
            EXTI_ClearITPendingBit(EXTI_Line3);
        }
    }
    void EXTI2_IRQHandler(void)
    {
        if (EXTI_GetITStatus(EXTI_Line2) != RESET)
        {
            EXTI_ClearFlag(EXTI_Line2);
            printf (n \r\nEXTI2 IRQHandler enter. \r\nn);
            EXTI_GenerateSWInterrupt (EXTI_Line3);
            printf ("\r\nEXTI2 IRQHandler return. \r\n");
            EXTI_ClearITPendingBit(EXTI_Line1);
            EXTI_ClearITPendingBit(EXTI_Line2);
            EXTI_ClearITPendingBit(EXTI_Line3);
        }
    }
    void EXTI3_IRQHandler(void)
    {
        if (EXTI_GetITStatus(EXTI_Line3) != RESET)
        {
```

```
        printf ("\r\nEXTI3 IRQHandler enter. \r\nu");
        printf ("\r\nEXTI3 IRQHandler return. \r\n");
        EXTI_ClearITPendingBit(EXTI_Line1);
        EXTI_ClearITPendingBit(EXTI_Line2);
        EXTI_ClearITPendingBit(EXTI_Line3);
    }
}
```

在上述程序中，EXTI_GenerateSWInterrupt(EXTI_Line2)和 EXTI_GenerateSWInterrupt
(EXTI_Line3)为产生软件中断的子函数。

本 章 小 结

　　本章首先详细介绍了 STM32 微处理器的核结构、工作模式及状态、寄存器和总线接口，
然后介绍了存储器的格式、结构、Cortex-M3 存储器的组织和 STM32 存储器的映射，随后
介绍了电源、时钟及复位电路、指令集、流水线，最后详细介绍了异常与中断的相关知识。
本章内容是全书硬件和中断知识的基础。

第3章　通用并行接口

3.1　GPIO 的结构及寄存器

3.1.1　GPIO 的基本结构及工作方式

1. GPIO 的结构

GPIO(General Purpose Input Output)是通用输入/输出端口的简称，通俗地说就是芯片引脚，可以通过它们输出高电平和低电平，也可以通过它们读入引脚的电平状态——是高电平还是低电平。GPIO 的引脚与外部硬件设备连接，可实现与外部通信、控制外部硬件或者采集外部硬件数据的功能。

通用的 GPIO 引脚通常分组为 PA、PB、PC、PD 和 PE，统一写为 Px。每组中各端口根据 GPIO 寄存器中每位对应的位置又编号为 0～15。

图 3-1 为 GPIO 的基本结构图，图中 FT 指端口可以兼容 5 V 电压。GPIO 包括多个 16 位 I/O 端口，每个端口可以独立设置 3 种输入方式和 4 种输出方式，并可独立地置位或复位。GPIO 由寄存器、输入驱动器和输出驱动器等部分组成。

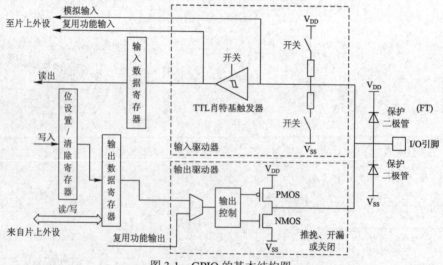

图 3-1　GPIO 的基本结构图

STM32F103ZET6 芯片共有 112 个 I/O 口，每个 I/O 口可以自由编程，但 I/O 口寄存器必须按 32 位字被访问。I/O 端口共 7 组：GPIOA、GPIOB、…、GPIOG，每组端口分为 0～15，共 16 个不同的引脚。STM32F103ZET6 芯片的大部分引脚除了作为 GPIO 使用外，还有其他特殊功能。例如，GPIOA.6 可作为一般的输入、输出引脚，或者用于串口。

2. 工作方式

STM32F103ZET6 芯片的 GPIO 工作方式支持 4 种输入模式(浮空输入、上拉输入、下拉输入、模拟输入)和 4 种输出模式(开漏输出、开漏复用输出、推挽输出、推挽复用输出)。同时,STM32F103ZET6 芯片的 GPIO 还支持 3 种最大翻转速度,即 2 MHz、10 MHz、50 MHz。

1) 浮空输入模式

图 3-2 为浮空输入模式(GPIO_Mode_IN_Floating)。浮空输入模式下,I/O 端口的电平信号直接进入输入数据寄存器。也就是说,I/O 的电平状态是不确定的,完全由外部输入决定;如果在 GPIO 端口包含的引脚悬空(在无信号输入)的情况下读取该端口的电平,则输入电平是不确定的。

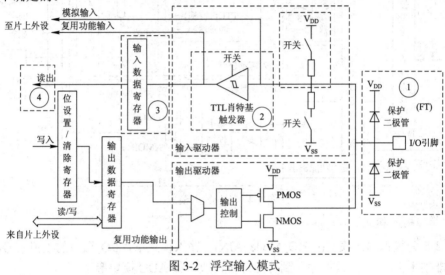

图 3-2 浮空输入模式

2) 上拉输入模式

图 3-3 为上拉输入模式(GPIO_Mode_IPU)。上拉输入模式下,I/O 端口的电平信号直接进入输入数据寄存器。但是在 I/O 端口悬空(无信号输入)的情况下,输入端的电平为高电平;而在 I/O 端口输入为低电平时,输入端的电平是低电平。

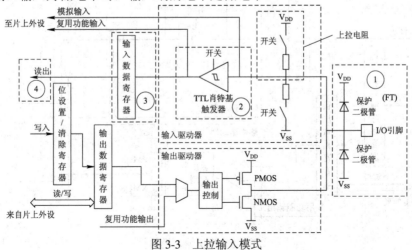

图 3-3 上拉输入模式

3) 下拉输入模式

图 3-4 为下拉输入模式(GPIO_Mode_IPD)。下拉输入模式下，I/O 端口的电平信号直接进入输入数据寄存器。但是在 I/O 端口悬空(无信号输入)的情况下，输入端的电平为低电平；而在 I/O 端口输入为高电平时，输入端的电平仍是低电平。

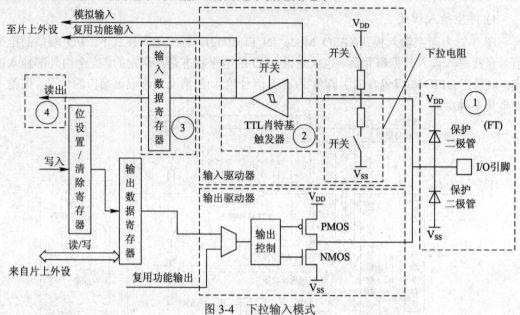

图 3-4　下拉输入模式

4) 模拟输入模式

图 3-5 为模拟输入模式(GPIO_Mode_AIN)。输入模式下，I/O 端口的模拟信号(电压信号，而非电平信号)直接模拟输入到片上外设模块，如 ADC 模块等。

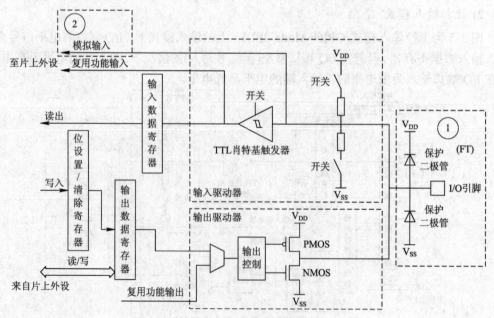

图 3-5　模拟输入模式

5) 开漏输出模式

图 3-6 为开漏输出模式(GPIO_Mode_Out_OD)。开漏输出模式下，通过设置位设置/清除寄存器或者输出数据寄存器的值，途经 NMOS 管，最终输出到 I/O 端口。这里要注意 NMOS 管，当设置输出的值为高电平时，NMOS 管处于关闭状态，此时 I/O 端口的电平就不会由输出的高低电平决定，而是由 I/O 端口外部的上拉电阻或者下拉电阻决定；当设置输出的值为低电平时，NMOS 管处于开启状态，此时 I/O 端口的电平就是低电平。同时，I/O 端口的电平也可以通过输入电路进行读取。注意，I/O 端口的电平不一定是输出的电平。

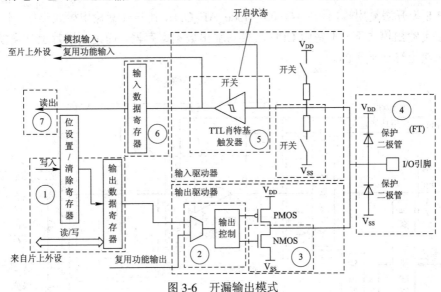

图 3-6　开漏输出模式

6) 推挽输出模式

图 3-7 为推挽输出模式(GPIO_Mode_Out_PP)。推挽输出模式下，通过设置位设置/清除

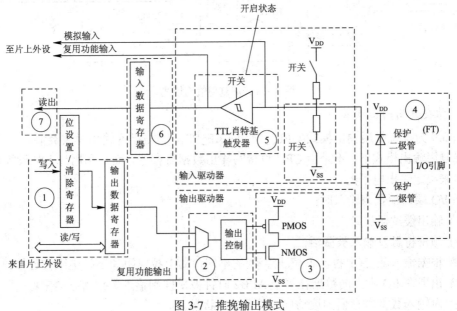

图 3-7　推挽输出模式

寄存器或者输出数据寄存器的值,途经 PMOS 管和 NMOS 管,最终输出到 I/O 端口。这里要注意 PMOS 管和 NMOS 管,当设置输出的值为高电平时,P-MOS 管处于开启状态,NMOS 管处于关闭状态,此时 I/O 端口的电平就由 PMOS 管决定,为高电平;当设置输出的值为低电平时,PMOS 管处于关闭状态,NMOS 管处于开启状态,此时 I/O 端口的电平由 NMOS 管决定,为低电平。同时,I/O 端口的电平也可以通过输入电路进行读取。注意,此时 I/O 端口的电平一定是输出的电平。

7) 开漏复用输出模式

图 3-8 为开漏复用输出模式(GPIO_Mode_AF_OD),其与开漏输出模式类似。不同的是,在开漏复用输出模式下,不是由 CPU 直接写输出数据寄存器,而是利用片上外设模块的复用功能来决定输出电平的。

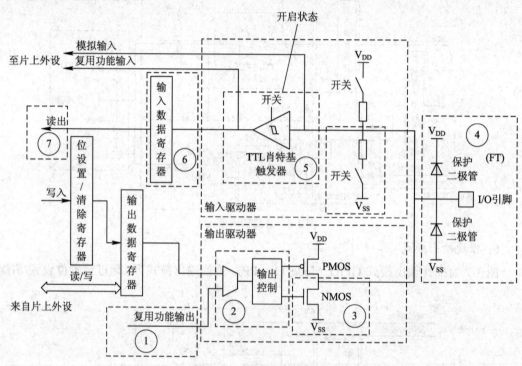

图 3-8 开漏复用输出模式

8) 推挽复用输出模式

图 3-9 为推挽复用输出模式(GPIO_Mode_AF_PP),其与推挽输出模式类似。不同的是,在推挽复用输出模式下,不是由 CPU 直接写输出数据寄存器,而是利用片上外设模块的复用功能来决定输出电平的。

当 I/O 端口配置为输入时:

(1) 输出缓冲器被禁止;

(2) 施密特触发输入被激活;

(3) 根据输入配置(上拉,下拉或浮动)的不同,弱上拉电阻和下拉电阻被连接;

(4) 出现在 I/O 脚上的数据在每个 APB2 时钟被采样到输入数据寄存器中;

(5) 对输入数据寄存器的读访问可得到 I/O 状态。

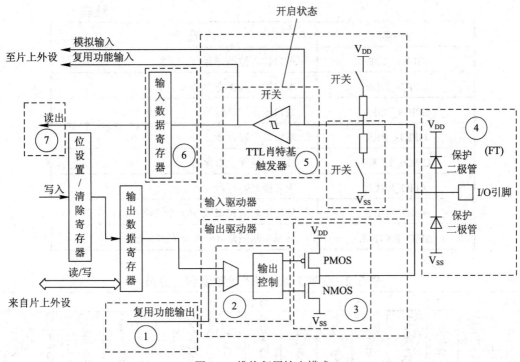

图 3-9　推挽复用输出模式

当 I/O 端口被配置为输出时：

(1) 输出缓冲器被激活。

・ 开漏模式：输出寄存器上的"0"激活 NMOS，而输出寄存器上的"1"将端口置于高阻状态(PMOS 从不被激活)。

・ 推挽模式：输出寄存器上的"0"激活 NMOS，而输出寄存器上的"1"将激活 PMOS。

(2) 施密特触发输入被激活。

(3) 弱上拉电阻和下拉电阻被禁止。

(4) 出现在 I/O 脚上的数据在每个 APB2 时钟被采样到输入数据寄存器中。

(5) 在开漏模式时，对输入数据寄存器的读访问可得到 I/O 状态。

(6) 在推挽模式时，对输出数据寄存器的读访问可得到后一次写入的值。

3.1.2　与 GPIO 相关的寄存器

每个 GPIO 端口有两个 32 位配置寄存器(GPIOx_CRL，GPIOx_CRH)、两个 32 位数据寄存器(GPIOx_IDR 和 GPIOx_ODR)、一个 32 位置位寄存器(GPIOx_BSRR)、一个 16 位复位寄存器(GPIOx_BRR)和一个 32 位锁定寄存器(GPIOx_LCKR)。表 3-1 为 GPIO 相关寄存器及其功能，表 3-2 为 GPIO 寄存器地址映像和复位值。

表 3-1　GPIO 相关寄存器及其功能

寄存器	功能描述
GPIOx_CRL	端口配置低寄存器
GPIOx_CRH	端口配置高寄存器

续表

寄存器	功能描述
GPIOx_IDR	端口输入数据寄存器
GPIOx_ODR	端口输出数据寄存器
GPIOx_BSRR	端口置位寄存器
GPIOx_BRR	端口复位寄存器
GPIOx_LCKR	端口配置锁定寄存器
AFIO_EVCR	事件控制寄存器
AFIO_MAPR	复用重映射和调试 I/O 配置寄存器
AFIO_EXTICR	外部中断线路 0~15 配置寄存器

表 3-2　GPIO 寄存器地址映像和复位值

偏移 寄存器	寄存器(位)														
	GPIOx_CRL	复位值	GPIOx_CRH	复位值	GPIOx_IDR	复位值	GPIOx_ODR	复位值	GPIOx_BSRR	复位值	GPIOx_BRR	复位值	GPIOx_LCKR	复位值	
31	CNF7	0	CNF15	0						0					
30	[1:0]	1	[1:0]	1						0					
29	MODE7	0	MODE15	0						0					
28	[1:0]	1	[1:0]	1						0					
27	CNF6	0	CNF14	0						0					
26	[1:0]	1	[1:0]	1						0					
25	MODE6	0	MODE14	0						0					
24	[1:0]	1	[1:0]	1	保留		保留		BR [15:0]	0	保留		保留		
23	CNF5	0	CNF13	0						0					
22	[1:0]	1	[1:0]	1						0					
21	MODE5	0	MODE13	0						0					
20	[1:0]	1	[1:0]	1						0					
19	CNF4	0	CNF12	0						0					
18	[1:0]	1	[1:0]	1						0					
17	MODE4	0	MODE12	0						0					
16	[1:0]	1	[1:0]	1						0			LCKK	0	
15	CNF3	0	CNF11	0		0		0		0		0		0	
14	[1:0]	1	[1:0]	1		0		0		0		0		0	
13	MODE3	0	MODE11	0	IDR [15:0]	0	ODR [15:0]	0	BS [15:0]	0	BR [15:0]	0	LCK [15:0]	0	
12	[1:0]	1	[1:0]	1		0		0		0		0		0	
11	CNF2	0	CNF10	0		0		0		0		0		0	
10	[1:0]	1	[1:0]	1		0		0		0		0		0	

续表

偏移	寄存器(位)													
寄存器	GPIOx_CRL	复位值	GPIOx_CRH	复位值	GPIOx_IDR	复位值	GPIOx_ODR	复位值	GPIOx_BSRR	复位值	GPIOx_BRR	复位值	GPIOx_LCKR	复位值
9	MODE2	0	MODE10	0		0		0		0		0		0
8	[1:0]	1	[1:0]	1		0		0		0		0		0
7	CNF1	0	CNF9	0		0		0		0		0		0
6	[1:0]	1	[1:0]	1		0		0		0		0		0
5	MODE1	0	MODE9	0		0		0		0		0		0
4	[1:0]	1	[1:0]	1		0		0		0		0		0
3	CNF0	0	CNF8	0		0		0		0		0		0
2	[1:0]	1	[1:0]	1		0		0		0		0		0
1	MODE0	0	MODE8	0		0		0		0		0		0
0	[1:0]	1	[1:0]	1		0		0		0		0		0

　　GPIO 端口寄存器必须按 32 位字访问，不允许半字或字节访问。定义 GPIO 端口寄存器组的结构体为 GPIO_TypeDef 和 AFIO_TypeDef，该结构体在文件 stm32f10x_map.h 中的定义如下：

```
typedef struct
{
    vu32 CRL；
    vu32 CRH；
    vu32 IDR；
    vu32 ODR；
    vu32 BSRR；
    vu32 BRR；
    vu32 LCKR；
} GPIO_TypeDef；
typedef struct
{
    vu32 EVCR；
    vu32 MAPR；
    vu32 EXTICR[4]；
} AFIO_TypeDef；
...
#define PERIPH_BASE ((u32)0x40000000)
#define APB1PERIPH_BASE PERIPH_BASE
#define APB2PERIPH_BASE (PERIPH_BASE + 0x10000)
#define AHBPERIPH_BASE (PERIPH_BASE + 0x20000)
```

```
...
#define AFIO_BASE (APB2PERIPH_BASE + 0x0000)
#define GPIOA_BASE (APB2PERIPH_BASE + 0x0800)
#define GPIOB_BASE (APB2PERIPH_BASE + 0x0C00)
#define GPIOC_BASE (APB2PERIPH_BASE + 0x1000)
#define GPIOD_BASE (APB2PERIPH_BASE + 0x1400)
#define GPIOE_BASE (APB2PERIPH_BASE + 0x1800)
#ifndef DEBUG
...
#ifdef _AFIO
#define AFIO ((AFIO_TypeDef *) AFIO_BASE)
#endif /*_AFIO*/
#ifdef _GPIOA
#define GPIOA ((GPIO_TypeDef *) GPIOA_BASE)
#endif /*_GPIOA*/
#ifdef _GPIOB
#define GPIOB ((GPIO_TypeDef *) GPIOB_BASE)
#endif /*_GPIOB*/
#ifdef _GPIOC
#define GPIOC ((GPIO_TypeDef *) GPIOC_BASE)
#endif /*_GPIOC*/
#ifdef _GPIOD
#define GPIOD ((GPIO_TypeDef *) GPIOD_BASE)
#endif /*_GPIOD*/
#ifdef _GPIOE
#define GPIOE ((GPIO_TypeDef *) GPIOE_BASE)
#endif /*_GPIOE*/
...
#else /*DEBUG*/
...
#ifdef _AFIO
EXT AFIO_TypeDef *AFIO;
#endif /*_AFIO*/
#ifdef _GPIOA
EXT GPIO_TypeDef *GPIOA;
#endif /*_GPIOA*/
#ifdef _GPIOB
EXT GPIO_TypeDef *GPIOB;
#endif /*_GPIOB*/
```

```
#ifdef _GPIOC
EXT GPIO_TypeDef *GPIOC;
#endif /*_GPIOC*/
#ifdef _GPIOD
EXT GPIO_TypeDef *GPIOD;
#endif /*_GPIOD*/
#ifdef _GPIOE
EXT GPIO_TypeDef *GPIOE;
#endif /*_GPIOE*/
...
#endif
```

使用 Debug 模式时，初始化指针 AFIO、GPIOA、GPIOB、GPIOC、GPIOD 和 GPIOE 如下：

```
#ifdef _GPIOA
GPIOA = (GPIO_TypeDef *) GPIOA_BASE;
#endif /*_GPIOA*/
#ifdef _GPIOB
GPIOB = (GPIO_TypeDef *) GPIOB_BASE;
#endif /*_GPIOB*/
#ifdef _GPIOC
GPIOC = (GPIO_TypeDef *) GPIOC_BASE;
#endif /*_GPIOC*/
#ifdef _GPIOD
GPIOD = (GPIO_TypeDef *) GPIOD_BASE;
#endif /*_GPIOD*/
#ifdef _GPIOE
GPIOE = (GPIO_TypeDef *) GPIOE_BASE;
#endif /*_GPIOE*/
#ifdef _AFIO
AFIO = (AFIO_TypeDef *) AFIO_BASE;
#endif /*_AFIO*/
```

为了访问 GPIO 寄存器，_GPIO、_AFIO、_GPIOA、_GPIOB、_GPIOC、_GPIOD 和 _GPIOE 必须在文件 stm32f10x_conf.h 中定义，具体如下：

```
#define _GPIO
#define _GPIOA
#define _GPIOB
#define _GPIOC
#define _GPIOD
#define _GPIOE
```

#define _AFIO

从上面的宏定义可以看出，GPIOx(x=A、B、C、D、E)寄存器的存储映射首地址分别是 0x40010800、0x40010C00、0x40011000、0x40011400、0x40011800。表 3-3 为端口配置低寄存器 GPIOx_CRL 各位描述。

表 3-3　端口配置低寄存器 GPIOx_CRL 各位描述

31	30	29	28	27	26	25	24	23	22	21	20	19	18	17	16
CNF7[1:0]		MODE7[1:0]		CNF6[1:0]		MODE6[1:0]		CNF5[1:0]		MODE5[1:0]		CNF4[1:0]		MODE4[1:0]	
rw	rw	rw	rw	rw	rw	rw	rw	rw	rw	rw	rw	rw	rw	rw	rw
15	14	13	12	11	10	9	8	7	6	5	4	3	2	1	0
CNF3[1:0]		MODE3[1:0]		CNF2[1:0]		MODE2[1:0]		CNF1[1:0]		MODE1[1:0]		CNF0[1:0]		MODE0[1:0]	
rw	rw	rw	rw	rw	rw	rw	rw	rw	rw	rw	rw	rw	rw	rw	rw

位	
位 31:30 27:26 23:22 19:18 15:14 11:10 7:6 3:2	CNFy[1:0]：端口 x 的配置位(y = 0、1、…、7)，软件通过这些位配置相应的 I/O 端口。 在输入模式下(MODE[1:0]=00)： 00：模拟输入模式； 01：浮空输入模式(复位后的状态)； 10：上拉/下拉输入模式； 11：保留。 在输出模式下(MODE[1:0]>00)： 00：通用推挽输出模式； 01：通用开漏输出模式； 10：复用功能推挽输出模式； 11：复用功能开漏输出模式
位 29:28 25:24 21:20 17:16 13:12 9:8 5:4 1:0	MODEy[1:0]：端口 x 的模式位(y = 0、1、…、7)，软件通过这些位配置相应的 I/O 端口。 00：输入模式(复位后的状态)； 01：输出模式，最大速度 10 MHz； 10：输出模式，最大速度 2 MHz； 11：输出模式，最大速度 50 MHz

1．端口配置低寄存器(GPIOx_CRL) (x=A、B、…、E)

端口配置低寄存器复位值为 0x44444444。复位值其实就是配置端口为浮空输入模式。从表 3-3 中可以看出，STM32 的 CRL 控制着每个 I/O 端口(A～G)低 8 位的模式。每个 I/O 端口位占用 GOIOx_CRL 的 4 个位，高两位为 CNF，低两位为 MODE。这里给出几个常用的配置，如 0x0 表示模拟输入模式(ADC 用)、0x3 表示推挽输出模式(作输出口用，50 MHz 速率)、0x8 表示上/下输入模式(作输入口用)、0xB 表示复用输出模式(作输出口用，使用 I/O 的第二个功能，50 MHz 速率)。

2. 端口配置高寄存器(GPIOx_CRH) (x=A、B、…、E)

端口配置高寄存器复位值为 0x44444444。GPIOx_CRH 的作用和 GPIOx_CRL 的作用完全一样,只是 GPIOx_CRH 控制的是高 8 位输出口,而 GPIOx_CRL 控制的是低 8 位输出口。表 3-4 为端口配置高寄存器 GPIOx_CRH 各位的描述。

表 3-4　端口配置高寄存器 GPIOx_CRH 各位描述

31	30	29	28	27	26	25	24	23	22	21	20	19	18	17	16
CNF15[1:0]		MODE15[1:0]		CNF14[1:0]		MODE14[1:0]		CNF13[1:0]		MODE13[1:0]		CNF12[1:0]		MODE12[1:0]	
rw	rw	rw	rw	rw	rw	rw	rw	rw	rw	rw	rw	rw	rw	rw	rw
15	14	13	12	11	10	9	8	7	6	5	4	3	2	1	0
CNF11[1:0]		MODE11[1:0]		CNF10[1:0]		MODE10[1:0]		CNF9[1:0]		MODE9[1:0]		CNF8[1:0]		MODE8[1:0]	
rw	rw	rw	rw	rw	rw	rw	rw	rw	rw	rw	rw	rw	rw	rw	rw

位 31:30 27:26 23:22 19:18 15:14 11:10 7:6 3:2	CNFy[1:0]:端口 x 的配置位(y = 8、9、…、15),软件通过这些位配置相应的 I/O 端口。 在输入模式下(MODE[1:0]=00): 00:模拟输入模式; 01:浮空输入模式(复位后的状态); 10:上拉/下拉输入模式; 11:保留。 在输出模式下(MODE[1:0]>00): 00:通用推挽输出模式; 01:通用开漏输出模式; 10:复用功能推挽输出模式; 11:复用功能开漏输出模式
位 29:28 25:24 21:20 17:16 13:12 9:8 5:4 1:0	MODEy[1:0]:端口 x 的模式位(y = 8、9、…、15),软件通过这些位配置相应的 I/O 端口。 00:输入模式(复位后的状态); 01:输出模式,最大速度 10 MHz; 10:输出模式,最大速度 2 MHz; 11:输出模式,最大速度 50 MHz

3. 端口输入数据寄存器(GPIOx_IDR) (x=A、B、…、E)

端口输入数据寄存器(如表 3-5 所示)为引脚状态寄存器,复位值为 0x0000XXXX。若要知道某个 I/O 口的状态,只需要读这个寄存器,再看某个位的状态即可。如:

```
if (!( GPIOC -> IDR &( 1<< 4 )))      //判断 PC4 引脚是否为低电平
{
    …
}
```

表 3-5   端口输入数据寄存器 GPIOx_IDR 各位描述

31	30	29	28	27	26	25	24	23	22	21	20	19	18	17	16
保留															
15	14	13	12	11	10	9	8	7	6	5	4	3	2	1	0
IDR15	IDR14	IDR13	IDR12	IDR11	IDR10	IDR9	IDR8	IDR7	IDR6	IDR5	IDR4	IDR3	IDR2	IDR1	IDR0
r	r	r	r	r	r	r	r	r	r	r	r	r	r	r	r

位 31:16	保留，始终读为 0
位 15:0	IDRy[15:0]：端口输入数据($y = 0$、1、…、15)，这些位为只读并只能以字 (16 位)的形式读出，读出的值为对应 I/O 口的状态

4. 端口输出数据寄存器(GPIOx_ODR) (x=A、B、…、E)

端口输出数据寄存器为数据输出寄存器，复位值为 0x00000000。若要使某个 I/O 口的状态为高电平或者低电平，只要向这个寄存器的某个位写 1、写 0 即可。其用法如下：

(1) 输出高电平。代码如下：

     GPIOC -> ODR |= 1<< 5   //PC5 引脚输出为高电平，不会改变其他 I/O 引脚的状态

(2) 输出低电平。代码如下：

     GPIOC -> ODR & = ～(1< < 5) //PC5 引脚输出为低电平，不会改变其他 I/O 引脚的状态

表 3-6 是端口输出数据寄存器 GPIOx_ODR 各位的描述。

表 3-6   端口输出数据寄存器 GPIOx_ODR 各位描述

31	30	29	28	27	26	25	24	23	22	21	20	19	18	17	16
保留															
15	14	13	12	11	10	9	8	7	6	5	4	3	2	1	0
ODR15	ODR14	ODR13	ODR12	ODR11	ODR10	ODR9	ODR8	ODR7	ODR6	ODR5	ODR4	ODR3	ODR2	ODR1	ODR0
rw	rw	rw	rw	rw	rw	rw	rw	rw	rw	rw	rw	rw	rw	rw	rw

位 31:16	保留，始终读为 0
位 15:0	ODRy[15:0]：端口输出数据位($y = 0$、1、…、15)，这些位可读、可写，且只能以字(16 位)的形式操作。 注：对 GPIOx_BSRR(x = A、B、…、E)，可以分别对各个 ODR 位进行独立的设置/清除

5. 端口置位寄存器(GPIOx_BSRR) (x=A、B、…、E)

端口置位寄存器的低 16 位为设置位，向其相应位写 1，则对应的引脚输出高电平；写 0，则不改变 I/O 状态。

该寄存器的高 16 位为清除位，向其相应位写 1，则对应的引脚输出低电平；写 0，则不改变 I/O 状态。用法如下：

(1) 输出高电平。代码如下：

GPIOC_BSRR |= 1<< 5　　//PC5 引脚输出为高电平，不会改变其他 I/O 引脚的状态

(2) 输出低电平。代码如下：

GPIOC_BSRR |= 1<<(5+16) //PC5 引脚输出为低电平，不会改变其他 I/O 引脚的状态

表 3-7 是端口置位寄存器 GPIOx_BSRR 各位的描述。

表 3-7　端口置位寄存器 GPIOx_BSRR 各位描述

31	30	29	28	27	26	25	24	23	22	21	20	19	18	17	16
BR15	BR14	BR13	BR12	BR11	BR10	BR9	BR15	BR15	BR15	BR15	BR15	BR3	BR2	BR1	BR0
w	w	w	w	w	w	w	w	w	w	w	w	w	w	w	w
15	14	13	12	11	10	9	8	7	6	5	4	3	2	1	0
BS15	BS14	BS13	BS12	BS11	BS10	BS9	BS8	BS7	BS6	BS5	BS4	BS3	BS2	BS1	BS0
w	w	w	w	w	w	w	w	w	w	w	w	w	w	w	w
位 31:16	BRy：清除端口 x 的位 y (y = 0、1、…、15)，这些位只能写入并只能以字 (16 位)的形式操作。其中， 0：对对应的 ODRy 位不产生影响； 1：清除对应的 ODRy 位为 0。 注：如果同时设置了 BSy 和 BRy 的对应位，则 BSy 位起作用														
位 15:0	BSy：设置端口 x 的位 y (y = 0、1、…、15)，这些位只能写入并只能以字 (16 位)的形式操作。其中， 0：对对应的 ODRy 位不产生影响； 1：设置对应的 ODRy 位为 1														

6. 端口复位寄存器(GPIOx_BRR) (x=A、B、…、E)

端口复位寄存器的低 16 位为设置位，向其相应位写 1，则对应的引脚输出低电平；写 0，则不改变 I/O 状态。如：

GPIOC_BRR |= 1<< 5　　//PC5 引脚输出为低电平，不会改变其他 I/O 引脚的状态

表 3-8 是端口复位寄存器 GPIOx_BRR 各位的描述。

表 3-8　端口复位寄存器 GPIOx_BRR 各位描述

31	30	29	28	27	26	25	24	23	22	21	20	19	18	17	16
保　留															
15	14	13	12	11	10	9	8	7	6	5	4	3	2	1	0
BR15	BR14	BR13	BR12	BR11	BR10	BR9	BR8	BR7	BR6	BR5	BR4	BR3	BR2	BR1	BR0
w	w	w	w	w	w	w	w	w	w	w	w	w	w	w	w
位 31:16	保　留														
位 15:0	BRy：清除端口 x 的位 y (y = 0、1、…、15)，这些位只能写入并只能以字 (16 位)的形式操作。其中， 0：对对应的 ODRy 位不产生影响； 1：清除对应的 ODRy 位为 0														

7. 端口配置锁定寄存器(GPIOx_LCKR) (x=A、B、…、E)

当执行正确的写序列，并且设置了位 16(LCKK)时，该寄存器用来锁定端口位的配置。位[15:0]用于锁定 GPIO 端口的配置。在规定的写入操作期间，不能改变 LCKR[15:0]。当对相应的端口位执行了 LCKR 序列后，在下次系统复位之前将不能再更改端口位的配置。每个锁定位锁定控制寄存器(CRL，CRH)中相应的 4 个位。表 3-9 为端口配置锁定寄存器 GPIOx_LCKR 各位的描述。

表 3-9   端口配置锁定寄存器 GPIOx_LCKR 各位描述

31	30	29	28	27	26	25	24	23	22	21	20	19	18	17	16
保留															LCKK
															rw

15	14	13	12	11	10	9	8	7	6	5	4	3	2	1	0
LCK15	LCK14	LCK13	LCK12	LCK11	LCK10	LCK9	LCK8	LCK7	LCK6	LCK5	LCK4	LCK3	LCK2	LCK1	LCK0
rw	rw	rw	rw	rw	rw	rw	rw	rw	rw	rw	rw	rw	rw	rw	rw

位 31:17	保留
位 16	LCKK：锁键 (Lock Key)，该位可随时读出，且只可通过锁键写入序列修改。其中， 0：端口配置锁键位激活； 1：端口配置锁键位激活，下次系统复位前 GPIOx_LCKR 寄存器被锁住。锁键的写入序列： 写 1→写 0→写 1→读 0→读 1，最后一个读可省略，但可以用来确认锁键已被激活。 注：在操作锁键的写入序列时，不能改变 LCK[15:0]的值。操作锁键写入序列中的任何错误将不能激活锁键
位 15:0	LCKy：端口 x 的锁位 y (y = 0、1、…、15)，这些位可读、可写，且只能在 LCKK 位为 0 时写入。其中， 0：不锁定端口的配置； 1：锁定端口的配置

3.2 GPIO 库函数

表 3-10 为 GPIO 库函数及其功能。

表 3-10   GPIO 库函数

函数名	功 能 描 述
GPIO_DeInit	将外设 GPIOx 寄存器重设为缺省值
GPIO_AFIODeInit	将复用功能(重映射事件控制和 EXTI 设置)重设为缺省值

续表

函数名	功能描述
GPIO_Init	根据 GPIO_InitStruct 中指定的参数，初始化外设 GPIOx 寄存器
GPIO_StructInit	把 GPIO_InitStruct 中的每一个参数按缺省值填入
GPIO_ReadInputDataBit	读取指定端口引脚的输入
GPIO_ReadInputData	读取指定的 GPIO 端口输入
GPIO_ReadOutputDataBit	读取指定端口引脚的输出
GPIO_ReadOutputData	读取指定的 GPIO 端口输出
GPIO_SetBit	设置指定的数据端口位
GPIO_ResetBit	清除指定的数据端口位
GPIO_WriteBit	设置或者清除指定的数据端口位
GPIO_Write	向指定 GPIO 数据端口写入数据
GPIO_PinLockConfig	锁定 GPIO 引脚设置寄存器
GPIO_EventOutputConfig	选择 GPIO 引脚用作事件输出
GPIO_EventOutputCmd	使能或者使能事件输出
GPIO_PinRemapConfig	改变指定引脚的映射
GPIO_EXTILineConfig	选择 GPIO 引脚用作外部中断线路

基本的 GPIO 库函数如下：

```
void GPIO_Init(GPIO_TypeDef* GPIOx，GPIO_InitTypeDef* GPIO_InitStruct);
u8 GPIO_ReadInputDataBit(GPIO_TypeDef* GPIOx，u16 GPIO_Pin);
u16 GPIO_ReadInputData(GPIO_TypeDef* GPIOx);
u8 GPIO_ReadOutputDataBit(GPIO_TypeDef* GPIOx，u16 GPIO_Pin);
u16 GPIO_ReadOutputData(GPIO_TypeDef* GPIOx);
void GPIO_SetBit(GPIO_TypeDef* GPIOx，u16 GPIO_Pin);
void GPIO_ResetBit(GPIO_TypeDef* GPIOx，u16 GPIO_Pin);
void GPIO_WriteBit(GPIO_TypeDef* GPIOx，u16 GPIO_Pin, BitAction BitVal);
void GPIO_Write(GPIO_TypeDef* GPIOx，u16 PortVal);
void GPIO_PinRemapConfig(u32 GPIO_Remap，FunctionalState NewState);
```

1．初始化

初始化函数如下：

```
void GPIO_Init(GPIO_TypeDef* GPIOx, GPIO_InitTypeDef* GPIO_InitStruct);
```

参数说明：

- GPIOx：GPIO 名称，取值是 GPIOA、GPIOB、GPIOC、GPIOD 等。
- GPIO_InitStruct：GPIO 初始化参数结构体指针。

初始化参数结构体定义如下：

```
typedef struct
{
    u16 GPIO_Pin;                              //GPIO 引脚
```

```
        GPIO_Speed_TypeDef GPIO_Speed;              //GPIO 速度
        GPIO_Mode_TypeDef GPIO_Mode;                //GPIO 模式
    } GPIO_InitTypeDef;
```

其中，GPIO_Pin、GPIO_Speed 和 GPIO_Mode 分别定义如下：

(1) GPIO_Pin 的定义。

```
    #define GPIO_Pin _0            ((u16) 0x0001) /*选中引脚 0*/
    #define GPIO_Pin _1            ((u16)0x0002) /*选中引脚 1*/
    #define GPIO_Pin_2             ((u16)0x0004) /*选中引脚 2*/
    …                               …
    #define GPIO_Pin_14            ((u16)0x4000) /*选中引脚 14*/
    #define GPIO_Pin_15            ((u16)0x8000) /*选中引脚 15*/
    #define GPIO_Pin_All           ((u16)0xFFFF) /*选中所有引脚*/
```

(2) GPIO_Speed 的定义。

```
    typedef enum
    {
        GPIO_Speed_10MHz = 1;
        GPIO_Speed_2MHz;
        GPIO_Speed_50MHz;
    } GPIO_Speed_TypeDef;
```

(3) GPIO_Mode 的定义。

```
    typedef enum
    {
        GPIO_Mode_AIN = 0x0;                  //模拟输入
        GPIO_Mode_IN_FLOATING = 0x04;         //浮空输入
        GPIO_Mode_IPD = 0x28;                 //下拉输入
        GPIO_Mode_IPU = 0x48;                 //上拉输入
        GPIO_Mode_Out_PP = 0x10;              //通用推挽输出
        GPIO_Mode_Out_OD = 0x14;              //通用开漏输出
        GPIO_Mode_AF_PP = 0x18;               //复用推挽输出
        GPIO_Mode_AF_OD = 0x1C;               //复用开漏输出
    } GPIO_Mode_TypeDef;
```

GPIO_Init()函数的核心语句是：

```
    GPIOx -> CRL = tmpreg;
    GPIOx -> CRH = tmpreg;
```

2. 读入数据位

读入数据位函数如下：

```
    u8 GPIO_ReadInputDataBit(GPIO_TypeDef* GPIOx, u16 GPIO_Pin);
```

参数说明：

- GPIOx：GPIO 名称，取值是 GPIOA、GPIOB、GPIOC、GPIOD 等。
- GPIO_Pin：GPIO 引脚，取值是 GPIO_Pin_0～GPIO_Pin_15。

返回值：输入数据位，0 或 1。

GPIO_ReadInputDataBit()函数的核心语句是：

    if ((GPIOx -> IDR & GPIO_Pin) != (u32) Bit_RESET);

可简化为：

    if (GPIOx -> IDR & GPIO_Pin);

3. 读输入数据

读输入数据函数如下：

    u16 GPIO_ReadInputData(GPIO_TypeDef* GPIOx);

参数说明：

- GPIOx：GPIO 名称，取值是 GPIOA、GPIOB、GPIOC、GPIOD 等。

返回值：输入数据。

GPIO_ReadInputData()函数的核心语句是：

    return ((u16) GPIOx -> IDR);

4. 读输出数据位

读输出数据位函数如下：

    u8 GPIO_ReadOutputDataBit(GPIO_TypeDef* GPIOx，u16 GPIO_Pin);

参数说明：

- GPIOx：GPIO 名称，取值是 GPIOA、GPIOB、GPIOC、GPIOD 等。
- GPIO_Pin：GPIO 引脚，取值是 GPIO_Pin_0～GPIO_Pin_15。

返回值：输出数据位，0 或 1。

GPIO_ReadOutputDataBit()函数的核心语句是：

    if ((GPIOx -> ODR & GPIO_Pin) != (u32) Bit_RESET);

5. 读输出数据

读输出数据函数如下：

    u16 GPIO ReadOutputData(GPIO_TypeDef* GPIOx);

参数说明：

- GPIOx：GPIO 名称，取值是 GPIOA、GPIOB、GPIOC、GPIOD 等。

返回值：输出数据。

GPIO_ReadOutputDataBit()函数的核心语句是：

    return ((u16) GPIOx -> ODR);

6. 设置输出数据位

设置输出数据位函数如下：

    void GPIO_SetBit(GPIO_TypeDef* GPIOx, u16 GPIO_Pin);

参数说明：

- GPIOx：GPIO 名称，取值是 GPIOA、GPIOB、GPIOC、GPIOD 等。
- GPIO_Pin：GPIO 引脚，取值是 GPIO_Pin_0～GPIO_Pin_15。

GPIO_SetBit()函数的核心语句是：

    GPIOx -> BSRR = GPIO_Pin;

7. 清除输出数据位

清除输出数据位函数如下：

    void GPIO_ResetBit(GPIO_TypeDef* GPIOx, u16 GPIO_Pin);

参数说明：

- GPIOx：GPIO 名称，取值是 GPIOA、GPIOB、GPIOC、GPIOD 等。
- GPIO_Pin：GPIO 引脚，取值是 GPIO_Pin_0～GPIO_Pin_15。

GPIO_ResetBit()函数的核心语句是：

    GPIOx -> BRR = GPIO_Pin;

8. 写输出数据位

写输出数据位函数如下：

    void GPIO_WriteBit(GPIO_TypeDef* GPIOx, u16 GPIO_Pin, BitAction BitVa1);

参数说明：

- GPIOx：GPIO 名称，取值是 GPIOA、GPIOB、GPIOC、GPIOD 等。
- GPIO_Pin：GPIO 引脚，取值是 GPIO_Pin_0～GPIO_Pin_15。
- BitVal：位值，取值是 0 或 1。

GPIO_WriteBit()函数的核心语句是：

    GPIOx -> BSRR = GPIO_Pin;

    GPIOx -> BRR = GPIO_Pin;

9. 写输出数据

写输出数据函数如下：

    void GPIO_Write(GPIO_TypeDef* GPIOx, u16 PortVal);

参数说明：

- GPIOx：GPIO 名称，取值是 GPIOA、GPIOB、GPIOC、GPIOD 等。
- PortVal：输出数据值。

GPIO_Write()函数的核心语句是：

    GPIOx -> ODR = PortVal;

10. 配置引脚映射

配置引脚映射函数如下：

    void GPIO_PinRemapConfig(u32 GPIO_Remap, FunctionalState NewState);

参数说明：

- GPIO_Remap：映射引脚。其主要定义如下：

    #define GPIO_Remap_SWJ_NoJTRST ((u32) 0x00300100) /*启用所有的 SWJ(JTAG-DP + SW-DP),

且没有 JTRST*/

  #define GPIO_Remap_SWJ_JTAGDisable ((u32) 0x00300200) /*停止 JTAG–DP，启用 SH-DP*/

  #define GPIO_Remap_SWJ_Disable ((u32) 0x00300400) /*停止所有的 SWJ (JTAG-DP + SH-DP)*/

- NewState：映射新状态，ENABLE (1)允许，DISABLE (0)禁止。

3.3 GPIO 设计实例

  硬件系统包括 Cortex-M3 CPU(内嵌 SysTick 定时器)、存储器、1 个按键接口(PA0)、1 个蜂鸣器接口(PB4)和 1 个 LED 接口(PC8～PC15 和 PD2)，实现用按键控制蜂鸣器的通断和 8 个 LED 的流水显示方向。8 个 LED 流水显示每秒移位 1 次。图 3-10 为系统硬件方框图，图 3-11 为系统硬件电路图。

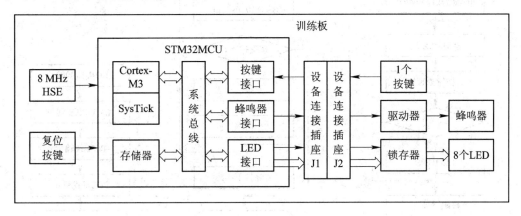

图 3-10　系统硬件方框图

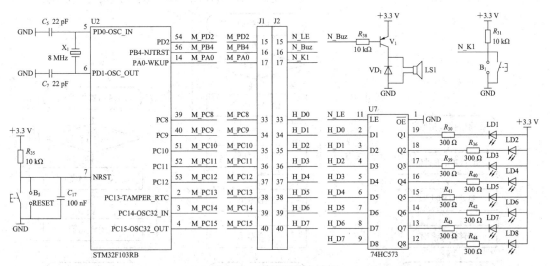

图 3-11　系统硬件电路图

系统软件流程图如图 3-12 所示。系统软件设计可以采用两种方法：库函数和寄存器。

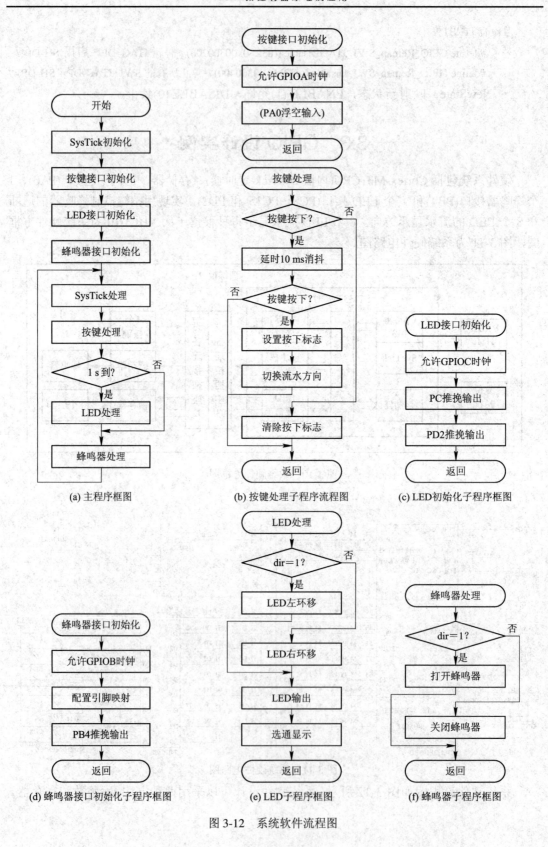

图 3-12　系统软件流程图

1. 使用库函数进行软件设计

代码如下：

```
#include "stm32f10x_1ib.h"
u32sec = 0, sec1 = 0, key = 0, dir = 0, led = 0x0100;
GPIO_InitTypeDef GPIO_InitStruct;
void SysTick_Init(void);
void SysTick_Proc(void);
void Key_Init(void);
void Key_Proc(void);
void Led_Init(void);
void Led_Proc(void);
void Buz_Init(void);
void Buz_Proc(void);
void Delay(u32 delay);
int main(void)
{
    SysTick_Init();             //SysTick 初始化
    Key_Init();                 //按键出口初始化
    Led_Init();                 //LED 接口初始化
    Buz_Init();                 //蜂鸣器接口初始化
    while (1)
    {
        SysTick_Proc();         //SysTick 处理
        Key_Proc();             //按键处理
        if (sec1 != sec)        //1 s 到
        {
            sec1 = sec;
            Led_Proc();         //LED 处理
        }
        Buz_Proc();             //蜂鸣器处理
    }
}
void SysTick_Init(void)
{
    SysTick_SetReload(1e6);                               //设置 1 s 重装值(时钟频率为 8 MHz/8)
    SysTick_CounterCmd(SysTick_Counter_Enable);          //允许 SysTick
}
void SysTick_Proc(void)
{//1 s 到
```

```
    if (SysTick_GetFlagStatus(SysTick_FLAG_COUNT))
    {
        ++sec;
    }
}
void Key_Init(void)
{ //允许 GPIOA 时钟
    RCC_APB2PeriphClockCmd(RCC_APB2Periph_GPIOA，ENABLE);
    /*PA0 (K1)浮空输入(复位状态，可以省略)
    GPIO_InitStruct.GPIO_Pin = GPIO_Pin _0;
    GPIO_InitStruct.GPIO_Mode = GPIO_Mode_IN_FLOATING;
    GPIO_Init(GPIOA，&GPIO_InitStruct);*/
}
void Key_Proc(void)
{
    if(!GPIO_ReadInputDataBit(GPIOA, GPIO Pin_0))                //按键按下
    {
        Delay_ms(10);                                           //延时 10 ms 消抖
        if((!GPIO_ReadInputDataBit(GPIOA, GPIO_Pin_0))&&(key == 0))
        {
            key = 1;                                            //设置按下标志
            dir = ~dir;                                         //切换流水方向
        }
    }
    else                                                        //按键松开
        Key = 0;                                                //清除按下标志
}
void Led_Init(void)
{
    //允许 GPIOC 和 GPIOD 时钟
    RCC_APB2PeriphClockCmd(RCC_APB2Periph_GPIOC, ENABLE);
    RCC_APB2PeriphClockCmd(RCC_APB2Periph_GPIOD, ENABLE);
    //PC8~PC15(LD1~LD8)推挽输出(将 PC0~PC7 一起设置为推挽输出)
    GPIO_InitStruct.GPIO_Pin = GPIO_Pin_All;
    GPIO_InitStruct.GPIO_Speed= GPIO_Speed_50MHz;
    GPIO_InitStruct.GPIO_Mode = GPIO_Mode_Out_PP;
    GPIO_Init(GPIOC, &GPIO_InitStruct);
    //PD2(LE)推挽输出
    GPIO_InitStruct.GPIO_Pin = GPIO_Pin_2;
```

```
        GPIO_Init(GPIOD，&GPIO_InitStruct);
}


void Led_Proc(void)
{
    if(dir)
    {
        led <<= 1;                          //LED 左移
        if (led == 0x10000) led = 0x100;
    }
    else
    {
        led >>= 1;
        if (led == 0x80) led = 0x8000;
    }
    GPIO_Write(GPIOC，~led);                 //LED 输出
    GPIO_SetBit(GPIOD，GPIO_Pin_2);          //选通显示
    GPIO_ResetBit(GPIOD，GPIO_Pin_2);
}


void Buz_Init (void)
{
    //允许 AFIO 和 GPIOB 时钟
    RCC_APB2PeriphClockCmd(RCC_APB2Periph_AFIO，ENABLE);
    RCC_APB2PeriphClockCmd(RCC_APB2Periph_GPIOB，ENABLE);
    //配置引脚映射(禁止 JTRST 功能)
    GPIO_PinRemapConfig(GPIO_Remap_SWJ_NoJTRST，ENABLE);
    //PB4 推挽输出
    GPIO_InitStruct.GPIO_Pin = GPIO_Pin_4;
    GPIO_InitStruct.GPIO_Speed = GPIO_Speed_50MHz;
    GPIO_InitStruct.GPIO_Mode = GPIO_Mode_Out_PP;
    GPIO_Init(GPIOC，&GPIO_InitStruct);
}


void Buz_Proc (void)
{
    if (dir)
        GPIO_ResetBit(GPIOB，GPIO_Pin_4);    //打开蜂鸣器
    else
```

```
        GPIO_SetBit(GPIOB，GPIO_Pin_4);                    //关闭蜂鸣器
    }

    void Delay_ms( u32 delay)
    {
        u32 start;
        s32 differ;
        delay *= 1000;
        start = SysTick_GetCounter();
        do
        {
            differ = start_SysTick_GetCounter();
            if (differ < 0) differ += le6;
        }
        while (differ < delay);
    }
```

2. 使用寄存器进行软件设计

使用寄存器进行软件设计和使用库函数进行软件设计相比，main.c 的内容只有子程序不同。示例如下：

```
    void SysTick_Init (void)
    {
        SysTick->LOAD = 1e6;               //设置 1 s 重装值(时钟频率为 8 MHz/8)
        SysTick->CTRL = 1;                 //允许 SysTick
    }
    void SysTick_Proc(void)
    {
        if (SysTick->CTRL & 0x10000)       //1 s 到
            ++sec;
    }
    void Key_Init(void)
    {
        RCC -> APB2ENR |= 4;               //允许 GPIOA 时钟
    }

    void Key_Proc(void)
    {
        if (~GPIOA -> IDR & 1)             //按键按下
        {
```

```
        Delay_ms(10);                           //延时 10 ms 消抖
        if ((~GPIOA -> IDR & 1)&&(key == 0))
        {
            key = 1;                            //设置按下标志
            dir = ~dir;                         //切换流水方向
        }
    }
    else
        key = 0;                                //清除按下标志
}


void Led_Init(void)
{
    RCC -> APB2ENR | 0x30;                      //允许 GPIOC 和 GPIOD 时钟
    GPIOC -> CRH &= 0x00000000;
    GPIOC -> CRH |= 0x33333333;                 //允许 PC5~PC8 通用推挽输出
    GPIOD -> CRL &= 0xfffff0ff;
    GPIOD -> CRL |= 0x00000300;                 //PD2 通用推挽输出
}


void Led_Proc(void)
{
    if (dir)
    {
        led <<= 1;                              //LED 左移
        if (led == 0x100000) led = 0x100;
    }
    else
    {
        led >>= 1;                              //LED 右移
        if (led == 0x80) led = 0x8000;
    }
    GPIOC ->ODR = ~led;                         //LED 输出
    GPIOD ->BSRR = 4;                           //选通显示
    GPIOD ->BRR = 4;
}


void Buz_Init(void)
{
```

```
    RCC -> APB2ENR | 9;                      //允许 AFIO 和 GPIOB 时钟
    AFIO -> MAPR | 0x01000000;               //配置引脚映射(禁止 JTRST 功能)
    GPIOB -> CRL &= 0xfff0ffff;
    GPIOB -> CRL |= 0x00030000;              //PB4 通用推挽输出
}


void Led_Proc(void)
{
    if (dir)
      GPIOB -> BRR = 0x10;                   //打开蜂鸣器
    else
      GPIOB -> BSRR = 0x10;                  //关闭蜂鸣器
}

void Delay_ms(u32 delay)
{
    u32 start;
    s32 differ;
    delay *= 1000;
    start = SysTick-> VAL;
    do
    {
        differ = start – SysTick-> VAL;
        if (differ < 0) differ += le6;
    }
    while (differ < delay);
}
```

本 章 小 结

    本章在介绍 GPIO 基本结构及工作方式的基础上，介绍了与 GPIO 相关的寄存器、库函数，最后通过一个设计实例阐述了 GPIO 的应用。

第 4 章　通用同步/异步收发器

4.1　USART 简介

　　STM32 上有很多 I/O 口，也有很多内置外设。为了节省引出引脚，便有了 I/O 引脚复用这一概念，即这些内置外设与 I/O 口共用引出引脚。同时，很多复用功能的引出引脚还能通过程序改变从不同的 I/O 引脚引出，称为重映射。重映射的直接好处就是不仅方便了 PCB 的设计，同时还减少了信号的交叉干扰。例如，USART2 外设的 TX、RX 分别对应 PA2、PA3，但若 PA2、PA3 引脚接了其他设备，则可以通过 GPIOD 重映射把 USART2 设备的 TX、RX 映射到 PD5、PD6 上。需要注意的是，并不是所有引脚都能被映射到，USART2 只能映射到固定的引脚，包括晶体振荡器的引脚(在不接晶体时，可以作为普通 I/O 口)、JTAG 调试接口、CAN 模块、大部分定时器的引出接口、大部分 USART 的引出接口、I^2C1 的引出接口、SPI1 的引出接口。表 4-1 为 USART2 重映射。

表 4-1　USART2 重映射

复用功能	USART2_REMAP = 0	USART2_REMAP = 1
USART2_CTS	PA0	PD3
USART2_RTS	PA1	PD4
USART2_TX	PA2	PD5
USART2_RX	PA3	PD6

　　STM32F103××内置 3 个通用同步/异步收发器(USART1、USART2 和 USART3)和 2 个通用异步收发器(USART4、USART5)。这 5 个接口提供异步通信，支持 IrDA SIR ENDEC 传输编/解码、多处理器通信模式、单线半双工通信模式和 LIN 主/从功能。

　　USART1 接口通信速率可达 4.5 Mb/s，其他接口速率减半。USART1、USART2 和 USART3 接口具有硬件的 CTS 和 RTS 信号管理，兼容 ISO7816 的智能卡模式和 SPI 通信模式。除 USART5 外，所有其他接口都可以使用 DMA 操作。

4.2　结构及功能

　　STM32F10××处理器的通用同步/异步收发器(USART)单元提供 2～5 个独立的异步串行通信接口，皆可工作于中断和 DMA 模式。STM32 的 USART 的主要特性如下：

　　(1) 全双工同步、异步通信。同步通信仅可用于主模式，通过 SPI 总线和外设通信。

(2) 分数波特率发生器系统，发射和接收共用的可编程波特率，最高达 4.5 Mb/s。

(3) 可编程数据字长度(8 位或 9 位)，可配置停止位(支持 1 个或 2 个停止位)。

(4) LIN 主发送同步断开功能及 LIN 从检测断开功能。当 USART 硬件配置成 LIN 时，生成 13 位断开符，并检测 10/11 位断开符。

(5) 发送方为同步传输提供时钟。

(6) 红外 IRDA SIR 编码器、解码器。

(7) 智能卡模拟功能。智能卡接口支持 ISO 7816-3 标准里定义的异步智能卡协议；智能卡用到了 0.5 个和 1.5 个停止位。

(8) 单线半工通信，只使用 Tx 引脚。

(9) 可配置使用 DMA 的多缓冲器通信，在 SRAM 里利用集中式 DMA 缓冲接收/发送字节。

(10) 单独的发送器和接收器使能位。

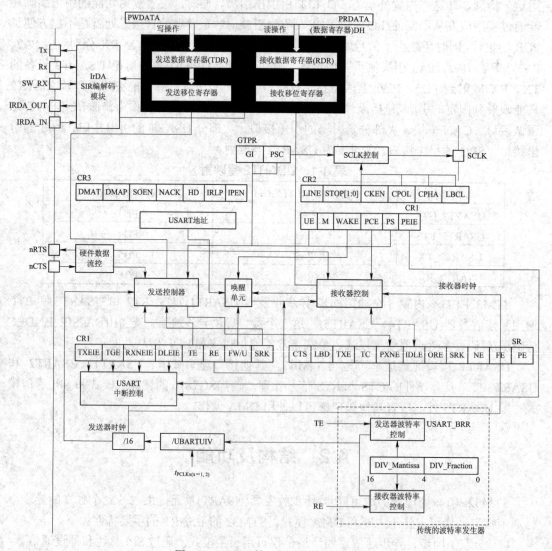

图 4-1　STM32 的 USART 的硬件结构

(11) 检测标志：接收缓冲器满、发送缓冲器空、传输结束标志。

(12) 校验控制：发送校验位，并对接收数据进行校验。

(13) 4 个错误检测标志：溢出错误、噪声错误、帧错误、校验错误。

(14) 10 个带标志的中断源：CTS 改变、LIN 断开符检测、发送数据寄存器空、发送完成、接收数据寄存器满、检测到总线为空闲、溢出错误、噪声错误、帧错误、校验错误。

(15) 多处理器通信：如果地址不匹配，则进入静默模式。

(16) 从静默模式中唤醒。

(17) 两种唤醒接收器的方式：地址位(MSB，第 9 位)、总线空闲。

STM32 的 USART 的硬件结构如图 4-1 所示，接口通过接收数据输入(Rx)、发送数据输出(Tx)和 GND 三个引脚与其他设备连接。Rx 通过采样技术来识别数据和噪声，从而恢复数据。当发送器被禁止时，输出引脚恢复到它的 I/O 端口配置。当发送器被激活且不发送数据时，Tx 引脚处于高电平。在单线和智能卡模式里，此 I/O 口被同时用于数据的发送和接收。

由图 4-1 可知，USART 硬件结构可分为 4 个部分：发送和接收部分(包括相应的引脚和寄存器)、发送器控制和接收器控制(包括相应的控制寄存器)、中断控制、波特率控制。

4.3 USART 帧格式

USART 帧格式如图 4-2 所示。在起始位期间，Tx 引脚处于低电平；在停止位期间，Tx 引脚处于高电平。完全由"1"组成的帧称为空闲帧；完全由"0"组成的帧称为断开帧。

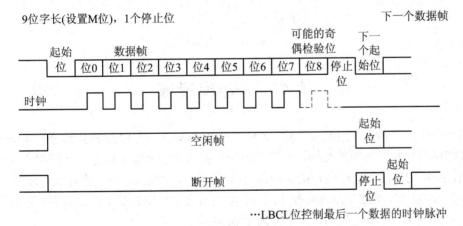

图 4-2 USART 帧格式

停止位有 0.5、1、1.5、2 位的情况，如图 4-3 所示。

图 4-2(a)为 1 个停止位，这是停止位位数的默认值。

图 4-2 (b)为 1.5 个停止位，该模式在智能卡模式下发送和接收数据时使用。

图 4-2(c)为 2 个停止位，该模式可用于常规 USART 模式、单线模式及调制解调器模式。

图 4-2(d)为 0.5 个停止位，该模式在智能卡模式下接收数据时使用。

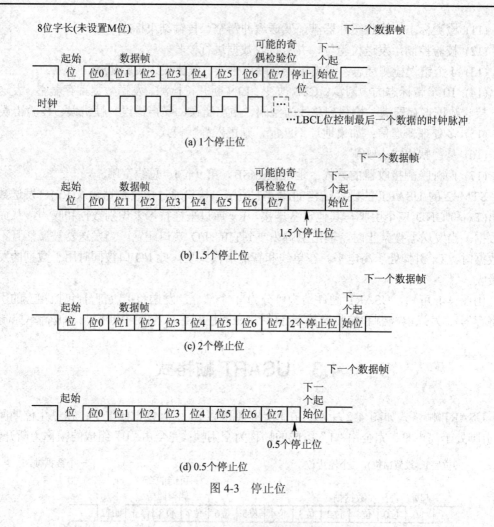

图 4-3 停止位

4.4 波特率设置

波特率是每秒传送二进制的位数，单位为位/秒(b/s)，包括 12 位整数部分和 4 位小数部分。波特率是串行通信的重要指标，用于表征数据传输的速度，但它和字符的实际传输速度不同。字符的实际传输速度是指每秒钟内所传字符帧的帧数，与字符帧格式有关。例如，波特率为 1200 b/s 的通信系统，若采用 11 位数据位字符帧，则字符帧的实际传输速度为 1200/11=109.9 帧/s，每一位的传输时间为 1/1200 s。

接收器和发送器的波特率在 USARTDIV 正数和小数寄存器中的值应设置成相同的。波特率通过 USART_BRR 寄存器设置，包括 12 位整数部分和 4 位小数部分。USART_BRR 寄存器如图 4-4 所示，各位域定义如表 4-2 所示。

发送和接收的波特率公式为

$$Tx/Rx \text{ 波特率} = f / (16 \times USARTDIV)$$

式中：f 是外设给的时钟；USARTDIV 是一个无符号的定点数。

31	30	29	28	27	26	25	24	23	22	21	20	19	18	17	16
保　留															

15	14	13	12	11	10	9	8	7	6	5	4	3	2	1	0
DIV_Mantissa[11:0]												DIV_Fraction[3:0]			
rw	rw	rw	rw	rw	rw	rw	rw	rw	rw	rw	rw	rw	rw	rw	rw

图 4-4　USART_BRR 寄存器

表 4-2　USART_BRR 各位域定义

位	定　义
位 31:16	保留位，硬件强制为 0
位 15:4	DIV_Mantissa[11:0]：USARTDIV 的整数部分。这 12 位定义了 USART 分频器除法因子(USARTDIV)的整数部分
位 3:0	DIV_Fraction[3:0]：USARTDIV 的小数部分。这 4 位定义了 USART 分频器除法因子的小数部分

【例 4-1】　如果 DIV_Mantissa = 27，DIV_Fraction = 12(USART_BRR = 0x1BC)，则 Mantissa(USARTDIV) = 27；Fraction(USARTDIV) = 12/16 = 0.75，所以 USARTDIV = 27.75。

【例 4-2】　要求 USARTDIV = 25.62，则 DIV_Fraction = 16 × 0.62 = 9.92。取最接近的整数 10，即 0x0A。DIV_Mantissa = Mantissa(25.620) = 25 = 0x19，所以 USART_BRR = 0x19A。

【例 4-3】　要求 USARTDIV = 50.99，则 DIV_Frcation = 16 × 0.99 = 15.84。取最接近的整数 16，即 0x10，可知 DIV_Fraction[3:0]溢出，进位必须加到小数部分。DIV_Mantissa = Mantissa(50.990 + 进位) = 51 = 0x33，则 USART_BRR = 0x330，USARTDIV = 51。

4.5　硬件流控制

数据在两个串口之间传输时，常常会出现丢失的现象，这是因为接收数据缓冲区"供不应求"造成的。硬件流控制能解决这个问题，当接收端数据处理能力不足时，就发出"不再接收"的信号，发送端立即停止发送，直到收到"可以发送"的信号时才继续发送。硬件流控制常用的有 RTS/CTS(请求发送/清除发送)流控制和 DTR/DSR(数据终端就绪/数据设置就绪)流控制。利用 nCTS 输入和 nRTS 输出可以控制两个设备间的串行数据流，如图 4-5 所示。

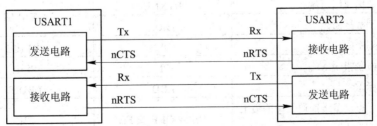

图 4-5　两个 USART 间的硬件流控制

1. RTS 流控制

如果 RTS 流控制被使能(RTSE = 1)，则只要 USART 接收器准备好接收新的数据，nRTS 就变成有效(接低电平)。当接收寄存器内有效数据到达时，nRTS 被释放，表明在当前帧结束时会停止数据传输。

2. CTS 流控制

如果 CTS 流控制被使能(CTSE = 1)，则发送器在发送下一帧前检查 nCTS 输入。如果 nCTS 有效(被拉成低电平)，则下一个数据被发送，否则下一帧数据不被发送。若 nCTS 在传输期间变成无效的，当前的传输完成后停止发送。当 CTSE = 1 时，只要 nCTS 输入变换状态，硬件就自动设置 CTSIF 状态位，该位表明接收器是否准备好进行通信。如果设置了 USART_CT3 寄存器的 CTSIE 位，则产生中断。图 4-6 为启用 CTS 流控制通信的实例。

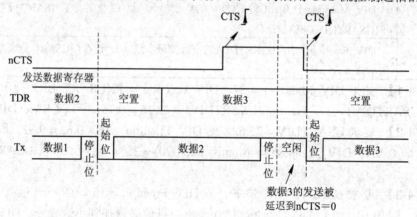

图 4-6 CTS 流控制

4.6 USART 中断请求

USART 中断请求如表 4-3 所示。

表 4-3 USART 中断请求

中　断	中　断　标　志	使　能　位
发送数据寄存器空	TXE	TXEIE
CTS 标志	CTS	CTSIE
发送完成	TC	TCIE
接收数据就绪可读	RTXNE	RXNEIE
检测到数据溢出	ORE	
检测到空闲线路	IDLE	IDLEIE
奇偶检验错误	PE	PEIE
断开标志	LBD	LBDIE
噪声标志、多缓冲通信中的溢出错误和帧错误	NE 或 ORE 或 FE	EIE

USART 的各种中断事件被连接到同一个中断向量，如图 4-7 所示。

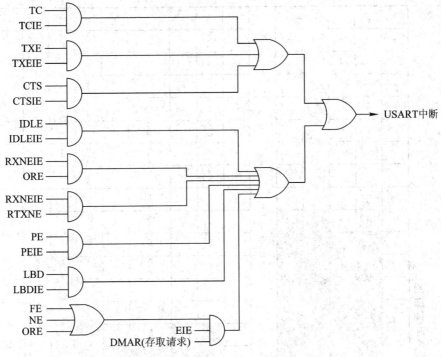

图 4-7　USART 中断映像图

(1) 发送期间：当发送完成时，清除发送，发送数据寄存器空。

(2) 接收期间：进行空闲总线检测，当发生溢出错误时，接收数据寄存器非空；当发生校验错误时，LIN 断开符号检测，同时产生噪声标志(仅在多缓冲器通信时发生)和帧错误(仅在多缓冲器通信时发生)。

如果设置了对应的使能控制，这些事件就可以产生各自的中断。

4.7　USART 寄存器

外设寄存器可以用半字(16 位)或字(32 位)的方式进行操作。USART 相关寄存器的功能如表 4-4 所示。USART 寄存器列表及其复位值如表 4-5 所示。

表 4-4　USART 相关寄存器的功能

寄　存　器	功　　能
状态寄存器(USART_SR)	反映 USART 单元的状态
数据寄存器(USART_DR)	用于保存接收或发送的数据
波特率寄存器(USART_BRR)	用于设置 USART 的波特率
控制寄存器 1(USART_CR1)	用于控制 USART
控制寄存器 2(USART_CR2)	用于控制 USART
控制寄存器 3(SUART_CR3)	用于控制 USART
保护时间和预分频寄存器(USART_GTPR)	保护时间和预分频

表 4-5　USART 寄存器列表及其复位值

偏移	寄存器	31	30	29	28	27	26	25	24	23	22	21	20	19	18	17	16	15	14	13	12	11	10	9	8	7	6	5	4	3	2	1	0
000h	USART_SR	保留																						CTS	LBD	TXE	TC	RXNE	IDLE	ORE	NE	FE	PE
	复位值																							0	0	1	1	0	0	0	0	0	0
004h	USART_DR	保留																							DR[8:0]								
	复位值																								0	0	0	0	0	0	0	0	0
008h	USART_BRR	保留																DIV_Mantissa[15:4]												DIV_Fraction[3:0]			
	复位值																	0	0	0	0	0	0	0	0	0	0	0	0	0	0	0	0
00Ch	USART_CR1	保留																		UE	M	WAKE	PCE	PS	PEIE	TXEIE	TCIE	RXNEIE	IDLEIE	TE	RE	PWU	SBK
	复位值																			0	0	0	0	0	0	0	0	0	0	0	0	0	0
010h	USART_CR2	保留																	LIEN	STOP[1:0]		CLKEN	CPOL	CPHA	LBCL	保留	LBDIE	LBDL	保留	ADD[3:0]			
	复位值																		0	0	0	0	0	0	0		0	0		0	0	0	0
014h	USART_CR3	保留																				CTSIE	CTSE	RTSE	DMAT	DMAR	SCEN	NACK	HDSEL	IRLP	IREN	EIE	
	复位值																					0	0	0	0	0	0	0	0	0	0	0	
018h	USART_GTPR	保留																GT[7:0]								PSC[7:0]							
	复位值																	0	0	0	0	0	0	0	0	0	0	0	0	0	0	0	0

在 stm32f10x_map.h 中，USART 寄存器组的结构体 USART_TypeDef 的定义如下：

```
typedef struct
{
    vu16  SR;          //状态寄存器
    vu16  DR;          //数据寄存器
    vu16  BRR;         //波特率寄存器
    vu16  CR1;         //控制寄存器 1
    vu16  CR2;         //控制寄存器 2
    vu16  CR3;         //控制寄存器 3
    vu16  GTPR;        //保护时间和预分频寄存器
} USART_TypeDef；
```

调用库函数进行设置时用到的标准步骤如下：

1. USART 初始设置结构体定义

USART_InitTypeDef 在 stm32f10x_gpio.h 文件中的定义如下：

```
/*USART 初始设置结构体定义*/
typedef struct
{
    u32 USART_BaudRate；              //波特率
    u16 USART_WordLength；            //字长
    u16 USART_StopBit；              //停止位长度
    u16 USART_Parity；              //奇偶校验
    u16 USART_Mode；              //接收或发送模式
    u16 USART_HardwareFlowControl；    //硬件流控制
} USART_InitTypeDef；
```

(1) USART_BaudRate 用于波特率设置。标准库函数会根据设定值得到 USARTDIV 值，从而设置 USART_BRR 寄存器值。

(2) USART_WordLength 提示了一个在帧中传输或接收到的数据位数，如表 4-6 所示。

表 4-6　USART_WordLength 定义

USART_WordLength	描　述
USART_WordLength_8b	8 位数据
USART_WordLength_9b	9 位数据

(3) USART_StopBit 定义了发送的停止位数，如表 4-7 所示。

表 4-7　USART_StopBit 定义

USART_StopBit	描　述
USART_StopBit_1	在帧结尾传输 1 个停止位
USART_StopBit_0.5	在帧结尾传输 0.5 个停止位
USART_StopBit_2	在帧结尾传输 2 个停止位
USART_StopBit_1.5	在帧结尾传输 1.5 个停止位

(4) USART_Parity 定义了奇偶模式。奇偶校验一旦使能，在发送数据的 MSB 位插入经计算的奇偶位(字长 9 位时的第 9 位，字长 8 位时的第 8 位)，如表 4-8 所示。

表 4-8　USART_Parity 定义

USART_Parity	描　述
USART_Parity_No	奇偶失能
USART_Parity_Even	偶模式
USART_Parity_Odd	奇模式

(5) USART_HardwareFlowControl 指定了硬件流控制模式是使能还是失能，如表 4-9 所示。

表 4-9　USART_HardwareFlowControl 定义

USART_HardwareFlowControl	描　述
USART_HardwareFlowControl_None	表示硬件流控制失能
USART_HardwareFlowControl_RTS	发送请求 RTS 使能
USART_HardwareFlowControl_CTS	接收请求 CTS 使能
USART_HardwareFlowControl_RTS_CTS	RTS 和 CTS 使能

(6) USART_Mode 指定了使能和失能发送和接收模式，如表 4-10 所示。

表 4-10　USART_Mode

USART_Mode	描　述
USART_Mode_Tx	发送使能
USART_Mode_Rx	接收使能

2. USART 时钟初始设置结构体定义

USART_InitTypeDef 在 stm32f10x_gpio.h 文件中的定义如下：

```
/*USART 时钟初始设置结构体定义*/
typedef struct
{
    u16 USART_Clock;      //时钟使能
    u16 USART_CPOL;       //指定 SLCK 引脚上时钟输出的极性
    u16 USART_CPHA;       //指定 SLCK 引脚上时钟输出的相位
    u16 USART_LastBit;    //是否在同步模式下，在 SCLK 引脚上输出最后发送的数据字
} USART_InitTypeDef;
```

(1) USART_Clock 提示了 USART 时钟使能还是失能，如表 4-11 所示。

表 4-11　USART_Clock 定义

USART_Clock	描　述
USART_Clock_Enable	时钟高电平时活动
USART_Clock_Disable	时钟低电平时活动

(2) USART_CPOL 指定了 SLCK 引脚上时钟输出的极性，如表 4-12 所示。

表 4-12 USART_CPOL 定义

USART_CPOL	描 述
USART_CPOL_High	时钟高电平
USART_CPOL_Low	时钟低电平

(3)USART_CPHA 指定了 SLCK 引脚上时钟输出的相位，和 CPOL 位一起配合产生用户希望的时钟/数据采样关系，如表 4-13 所示。

表 4-13 USART_CPHA 定义

USART_CPHA	描 述
USART_CPHA_1Edge	时钟第 1 个边沿进行数据捕获
USART_CPHA_2Edge	时钟第 2 个边沿进行数据捕获

(4)USART_LastBit 控制是否在同步模式下，在 SCLK 引脚上输出最后发送的数据字(MSB)对应的时钟脉冲，如表 4-14 所示。

表 4-14 USART_LastBit 定义

USART_LastBit	描 述
USART_LastBit_Disable	最后一位数据的时钟脉冲不从 SCLK 输出
USART_LastBit_Enable	最后一位数据的时钟脉冲从 SCLK 输出

4.8 应 用 实 例

1. 直接传送方式

每一片 STM32 芯片内部都拥有一个独特的 96 位唯一 ID。这个 ID 号可以给开发者提供很多优越的功能，具体如下：

(1) 可以把 ID 作为用户最终产品的序列号，帮助用户进行产品的管理。

(2) 在某些需要保证安全性的功能代码运行前，通过校验此 ID，保证最终产品某些功能的安全性。

(3) 用 ID 配合加解密算法，对芯片内部代码进行加密/解密，以保证用户产品的安全性和不可复制性。

这个 ID 号是放在片内 Flash 中位于地址 0x1FFFF7E8～0x1FFFF7F4 的系统存储区，由 ST 公司在出厂前写入(用户无法修改)，用户可以以字节、半字或字的方式单独读取服务期间的任一地址。

1) 程序功能

从 Flash 的固定地址读出 STM32 芯片内的 ID 号，然后通过串口上传至 PC，再通过串口软件显示出来。

2) 硬件原理图

如图 4-8 所示，本程序通过 STM32 的 USART1 端口上传 ID 号，所以要将 GPIOPA 端口的 PA9、PA10 复用成 RXD、TXD 端口。

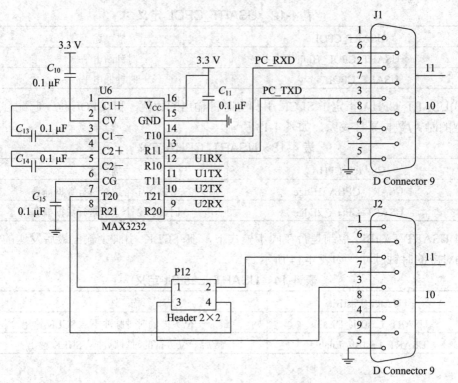

图 4-8 开发板 USART 原理图

3) 程序分析

(1) 主程序初始化。先定义 12 个存储单元：

　　Unsigned char a0,a1,a2,a3,a4,a5,a6,a7,a8,a9,a10,a11；

然后配置时钟：

　　/*允许 GPIO 和 USART 时钟*/

　　SystemInit();

　　RCC_APB2PeriphClockCmd(RCC_APB2Periph_GPIOA | RCC_APB2Periph_GPIOB | RCC_ APB2 Periph_ GPIOC | RCC_APB2Periph_GPIOD | RCC_APB2Periph_USART1 | RCC_APB2Periph_ USART2 | RCC_APB2Periph_AFIO, ENABLE)；//USART 在 APB2 总线上

(2) 串口配置。USART_Config(void)声明了两个结构：

　　GPIO_InitTypeDef GPIO_InitStructure；

　　USART_InitTypeDef　　USART_InitStructure；

本例也声明了 GPIO 的结构，这是因为串口需要使用 I/O 口来进行发送和接收。

GPIO 成员设置如下：

　　/*PA9-Tx1 复用推挽输出*/

　　GPIO_InitStructure.GPIO_Pin = GPIO_Pin_9；

　　GPIO_InitStructure.GPIO_Speed = GPIO_Speed_50MHz；

　　GPIO_InitStructure.GPIO_Mode = GPIO_Mode_AF_PP；

　　GPIO_Init(GPIOA，&GPIO_InitStructure)；

```
/*PA10-Rx1 浮空输入*/
GPIO_InitStructure.GPIO_Pin = GPIO_Pin_10;
GPIO_InitStructure.GPIO_Mode = GPIO_Mode_IN_FLOATING；
GPIO_Init(GPIOA，&GPIO_ InitStructure);
```

USART 成员设置如下:

```
//USART 工作在异步模式下
USART_InitStructure.USART_BaudRate = 9600;                    //波特率
USART_InitStructure.USART_WordLength = USART_WordLength_8b;  //数据位数
USART_InitStructure.USART_StopBit = USART_StopBit_1；         //一个停止位
USART_InitStructure.USART_Parity = USART_Parity_No；          //无奇偶检验位
USART_InitStructure.USART_HardwareFlowControl=USART_HardwareFlowControl_None；
//无硬件控制流
USART_InitStructure.USART_ Mode = USART_ Mode_Rx| USART_ Mode_Tx；//发送接收均使能
/*配置 USARTx*/
USART_Init(USART1,&USART_InitStructure);
```

外设使能设置如下:

```
/*使能 USART*/
USART_Cmd(USART1,ENABLE)；//USART1 使能
USART_ITConfig(USART1,USART_IT_RXNE,ENABLE)；     //接收使能
USART_ ITConfig(USART1,USART_IT_TXE,ENABLE)；      //发送使能
```

(3) 操作串口函数。读字节函数如下:

```
void USART1_Putc(char c)
{
    USART_SendDate(USART1,c);
    /*循环，直至发送结束*/
    while (USART_GetFlagStatus(USART1,USART_FLAG_TXE) == RESET);
}
```

其中，USART_SendDate(USART1，c)函数的功能为向 USART1 端口发送字符 c。函数代码如下:

```
void USART_SendData(USART_TypeDef * USARTx，unit16_t Data)
{
    /*检查参数*/
    Assert_param(IS_USART_ALL_PERIPH(USARTx));
    Assert_param(IS_USART_DATA(Data));

    /*发送数据*/
    USART ->DR = (Data & (unit16_t)0x01FF); //利用 DR 寄存器发送字符 Data
}
```

(4) 主程序。具体代码如下:

```
    while (1)
    {
        //串口读 ID
        a0 = *(u8*)(0x1FFFF7E8);  //读 ID 号
        a1 = *(u8*)(0x1FFFF7E9);
        a2 = *(u8*)(0x1FFFF7EA);
        a3 = *(u8*)(0x1FFFF7EB);
        a4 = *(u8*)(0x1FFFF7EC);
        a5 = *(u8*)(0x1FFFF7ED);
        a6 = *(u8*)(0x1FFFF7EE);
        a7 = *(u8*)(0x1FFFF7EF);
        a8 = *(u8*)(0x1FFFF7F0);
        a9 = *(u8*)(0x1FFFF7F1);
        a10 = *(u8*)(0x1FFFF7F2);
        a11 = *(u8*)(0x1FFFF7F3);
        USART1_Putc(0);  //上传 ID
        USART1_Putc(a0);
        USART1_Putc(a1);
        USART1_Putc(a2);
        USART1_Putc(a3);
        USART1_Putc(a4);
        USART1_Putc(a5);
        USART1_Putc(a6);
        USART1_Putc(a7);
        USART1_Putc(a8);
        USART1_Putc(a9);
        USART1_Putc(a10);
        USART1_Putc(a11);
    }
```

2. 中断传送方式

1) 程序功能

中断传送方式下的程序功能与直接传送方式下的程序功能相同。

2) 硬件原理图

可参见图 4-8 所示。

3) 程序分析

串口中断设置函数如下:

```
    void NVIC_Config(void)
    {
```

```
        NVIC_ InitTypeDef   NVIC_InitStructure；
        NVIC_PriorityGroupConfig(NVIC_PriorityGroup_0)；
        NVIC_ InitStructure.NVIC_IRQChannel = USART1_IRQn；
        NVIC_ InitStructure.NVIC_IRQChannelSubPriority = 0；
        NVIC_ InitStructure.NVIC_IRQChannelCmd = ENABLE；
        NVIC_Init(&NVIC_InitStructure)；
    }
```

初始化设置与直接传送方式中的初始化设置相同，主程序如下：

```
    while (1)
    {
        //串口读 ID
        a1[0] = *(u8*)(0x1FFFF7E8)；    //将 ID 号保存至数组 a1
        a1[1] = *(u8*)(0x1FFFF7E9)；
        a1[2] = *(u8*)(0x1FFFF7EA)；
        a1[3] = *(u8*)(0x1FFFF7EB)；
        a1[4] = *(u8*)(0x1FFFF7EC)；
        a1[5] = *(u8*)(0x1FFFF7ED)；
        a1[6] = *(u8*)(0x1FFFF7EE)；
        a1[7] = *(u8*)(0x1FFFF7EF)；
        a1[8] = *(u8*)(0x1FFFF7F0)；
        a1[9] = *(u8*)(0x1FFFF7F1)；
        a1[10] = *(u8*)(0x1FFFF7F2)；
        a1[11] = *(u8*)(0x1FFFF7F3)；
        a1[12] = 0；
        a1[13] = 0；
    }
```

串口中断程序如下：

```
    void USART1_IRQHandler(void)
    {
        if (USART_GetITStatus(USART1， USART_IT_TXE) != RESET)
        {
            USART_SendData(USART1,a1[count1++])；
            if (count1 == 14)
            {
                // USART_ITConfig(USART1,USART_IT_TXE,DISABLE)；
            }
        }
    }
```

3. 串口 Echo 回应程序

1) 程序功能

PC 上位机通过串口下传一个字符给 STM32，STM32 收到后再回传给 PC。

2) 硬件原理图

硬件原理图如图 4-8 所示。

3) 程序分析

初始化设置与直接传送方式的初始化设置相同。主程序如下：

```
while (1)
{
    k3 = USART1_ReceiveChar();
    USART_SendData(USART1,k3);
}
```

本 章 小 结

本章首先介绍了通用同步/异步收发器 USART 的概念，然后介绍了其结构及功能、波特率设置、硬件流控制，并对 USART 帧格式、中断请求和寄存器进行了详细的介绍，最后通过一个实例阐述了 USART 的应用。

第 5 章 定 时 器

5.1 STM32 定时器概述

STM32F1 系列单片机提供了大量的定时器：2 个基本定时器(TIM6、TIM7)、4 个通用定时器(TIM2、TIM3、TIM4、TIM5)、2 个高级控制定时器(TIM1、TIM8)、4 个特定功能定时器(SysTick、IWDG、WWDG、RTC)，共 12 个。另外，在超大容量系列产品(STM32F103xF、STM32F103xG)中又增加了 6 个通用定时器(TIM9、TIM10、TIM11、TIM12、TIM13、TIM14)。定时器、外部中断是 STM32F1 系列单片机实现多任务的核心，也是嵌入式程序设计的精华所在，学习难度也是最大的。高级控制定时器除了具有刹车输入 BKIN、互补输出 CHxN 和重复次数计数器外，与通用定时器的主要功能基本相同，两者都包含基本定时器功能。

在 4 个可同步运行的通用定时器(TIM2、TIM3、TIM4、TIM5)中，每个定时器都有一个 16 位的自动加载递增/递减计数器、一个 16 位的预分频器和 4 个独立的通道。这 4 个通用定时器适用于多种场合，包括测量输入信号的脉冲长度(输入捕获)，或者产生需要的输出波形(输出比较、产生 PWM、单脉冲输出等)。

2 个 16 位高级控制定时器(TIM1 和 TIM8)由一个可编程预分频驱动的 16 位自动装载计数器组成，与通用定时器有许多共同之处，但其功能更强大，适合多种用途，包含测量输入信号的脉冲宽度(输入捕获)，或者产生输出波形(输出比较、产生 PWM、具有带死区插入的互补 PWM 输出、单脉冲输出等)。

2 个基本定时器(TIM6 和 TIM7)主要用于产生 DAC 触发信号，也可当作通用的 16 位时基计数器。

上述定时器比较如表 5-1 所示。

表 5-1　定时器比较

定时器	计数器分辨率	计数器类型	预分频系数	产生 DMA 请求	捕获/比较通道	互补输出
TIM1 TIM8	16 位	向上、向下、向上/向下	1~65 536 之间的任意数	可以	4	有
TIM2 TIM3 TIM4 TIM5	16 位	向上、向下、向上/向下	1~65 536 之间的任意数	可以	4	无
TIM6 TIM7	16 位	向上	1~65 536 之间的任意数	可以	0	无

实时时钟(RTC)是一种能提供日历/时钟、数据存储等功能的专用集成电路，常用作各

种计算机系统的时钟信号源和参数设置存储电路。RTC 具有计时准确、耗电低和体积小等特点，特别适用于在各种嵌入式系统中记录事件发生的时间和相关信息，如通信工程、电力自动化、工业控制等自动化程度高并且无人值守的领域。

看门狗(Watchdog)的作用是在微控制器受到干扰进入错误状态后，使系统在一定时间间隔内复位，因此，看门狗是保证系统长期、可靠和稳定运行的有效措施。目前，大部分的嵌入式芯片内部都集成了看门狗定时器来提高系统运行的可靠性。STM32 处理器内置了2 个看门狗，即独立看门狗 IWDG 和窗口看门狗 WWDG，它们可用于检测和解决由软件错误引起的故障。独立看门狗基于一个 12 位的递减计数器和一个 8 位的预分频器，采用内部独立的 32 kHz 的低速时钟，即使主时钟发生故障，其仍然有效。它可以运行于停机模式或待机模式，还可以用于在发生问题时复位整个系统，或者作为一个自由定时器为应用程序提供超时管理。窗口看门狗内有一个 7 位的递减计数器，其时钟从 APB1 时钟分频后获得，通过可配置的时间窗口来检测应用程序的非正常行为。因此，独立看门狗适合作为独立于整个应用程序的看门狗，能够完全独立工作，对时间精度要求较低；而窗口看门狗则适合要求在精确计时窗口起作用的应用程序。

SysTick 时钟位于 Cortex-M3 内核中，是一个 24 位递减计数器。将其设定初值并使能后，每经过 1 个系统时钟周期，计数值就减 1。计数到 0 时，SysTick 计数器将自动重装初值并继续计数，同时内部的 COUNTFLAG 标志会置位，从而触发中断。在 STM32 的应用中，使用 Cortex-M3 内核的 SysTick 作为定时时钟，主要用于精确延时。

5.2 通用定时器 TIMx 的功能

通用定时器 TIMx 的功能如下：

(1) 16 位向上、向下、向上/向下自动装载计数器。

(2) 16 位可编程(可以实时修改)预分频器，计数器时钟频率的分频系数为 1～65 535 之间的任意数值。

(3) 4 个独立通道，即输入捕获、输出比较、PWM 生成(边沿或中间对齐模式)和单脉冲模式输出。

(4) 使用外部信号和多个定时器内部互连，构成同步电路来控制定时器。

(5) 下述事件发生时产生中断或 DMA 更新：计数器向上/向下溢出、计数器初始化(通过软件或内部/外部触发)、触发事件(计数器启动、停止、初始化，或者由内部/外部触发计数)、输入捕获、输出比较。

(6) 支持针对定位的增量(正交)编码器和霍尔传感器电路。

(7) 触发输入作为外部时钟，或者按周期进行电流管理。

5.3 通用定时器 TIMx 的结构

通用定时器的核心是可编程预分频器驱动的 16 位自动装载计数器。STM32 的 4 个通用定时器 TIMx(TIM2～TIM5)的硬件结构如图 5-1 所示，图中缩写含义如表 5-2 所示。硬件结构可分为 3 部分，即时钟源、时钟单元、捕获和比较通道。

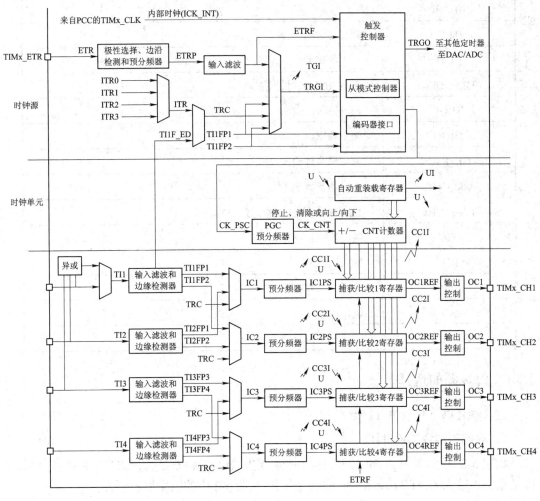

图 5-1　通用定时器 TIMx 的硬件结构图

表 5-2　图 5-1 中缩写的含义

图　示	含　义
TIMx_ETR	TIMER 外部触发引脚
ETR	外部触发输入
ETRP	分频后的外部触发输入
ETRF	滤波后的外部触发输入
ITRx	内部触发 x(由其他定时器触发)
TI1F_ED	TI1 的边沿检测器
TIxFP1/2	滤波后定时器 1/2 的输入
TGI	触发输入中断

续表

图　　示	含　　义
TRC	列循环时间
CCxI	发生的事件
TIMx_CLK	来自 RCC 的时钟
TRGI	触发输入
TRGO	触发输出
CK_PSC	分频器时钟输入
CK_CNT	定时器计数值
TIMx_CHx	TIMER 的捕获/比较通道引脚
TIx	定时器输入信号 x
ICx	输入比较 x
ICxPS	分频后的 ICx
OCx	输出捕获 x
OCxREF	输出参考信号

5.3.1　时钟源的选择

定时器有以下时钟源可供选择。

1. 内部时钟源(CK_INT)

如图 5-2 所示,选择内部时钟源作为时钟,定时器的时钟不是直接来自 APB1 或 APB2,而是来自于输入为 APB1 或 APB2 的一个倍频器(图 5-2 中的阴影框所示)。

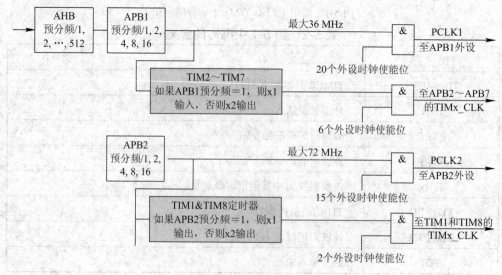

图 5-2　部分时钟系统

当 APB1 的预分频系数为 1 时，这个倍频器不起作用，定时器的时钟频率等于 APB1 的频率；当 APB1 的预分频系数为其他数值(即预分频系数为 2、4、8 或 16)时，这个倍频器起作用，定时器的时钟频率等于 APB1 频率的 2 倍。例如，当 AHB 为 72 MHz 时，APB1 的预分频系数必须大于 2，因为 APB1 的最大输出频率只能为 36 MHz。如果 APB1 的预分频系数为 2，则因为这个倍频器 2 倍的作用，TIM2～TIM7 仍然能够得到 72 MHz 的时钟频率。

2．外部时钟源模式 1 (TIx)

计数器可以在选定输入端的每个上升沿或下降沿计数。时钟源的选择就是 TRGI(触发器输入)，触发器输入选择共 8 个：ITRx（x=1,2,3,4）、TI1F_ED、TI2FP1、TI2FP2、ETRF，如图 5-3 所示。

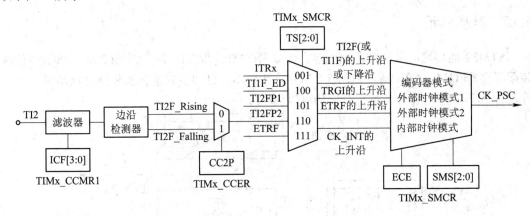

图 5-3　定时器时钟源

3．外部时钟源模式 2

外部时钟源模式 2 如图 5-4 所示。从图 5-4 可以看出，ETR 可以直接作为时钟输入，也可以通过触发输入(TRGI)来作为时钟输入，即在 TRGI 中触发源选择为 ETR，两者效果上是一样的。外部时钟模式 2 可以跟一些从模式(复位、触发、门控)进行组合。

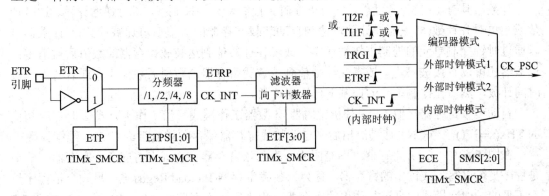

图 5-4　外部时钟模式 2

4．内部触发输入(ITRx)

内部触发输入引脚可通过主(Master)和从(Slave)模式使定时器同步。如图 5-5 所示，

TIM2 需设置成 TIM1 的从模式和 TIM3 的主模式。

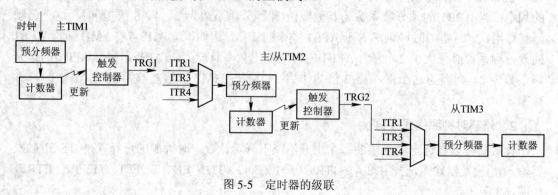

图 5-5 定时器的级联

5.3.2 时基单元

STM32 通用定时器的时基单元包含计数器(TIMx_CNT)、预分频器(TIMx_PSC)和自动装载寄存器(TIMx_ARR)等，如图 5-6 所示。计数器、自动装载寄存器和预分频器可以由软件进行读/写操作，在计数器运行时仍可以读/写。

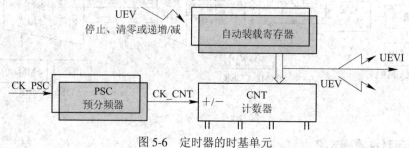

图 5-6 定时器的时基单元

从时钟源送来的时钟信号首先经过预分频器的分频，降低频率后输出信号 CK_CNT，再送入计数器进行计数，预分频器的分频取值范围可以是 1～65 536 之间的任意数值。一个 72 MHz 的输入信号经过分频后，可以产生最小接近 100 Hz 的信号。

计数器具有 16 位计数功能，它可以在时钟控制单元的控制下，进行递增计数、递减计数或中央对齐计数(即先递增计数，达到自动装载寄存器的数值后再递减计数)。计数器可以通过时钟控制单元的控制直接被清零，或者在计数值到达装载寄存器的数值后被清零；计数器还可以直接被停止，或者在计数值到达装载寄存器的数值后被停止；或者暂停一段时间计数，然后在控制单元的控制下再恢复计数。

自动装载寄存器类似 51 单片机定时器/计数器工作模式，当工作于方式 2 时保存初值的 THx(x=0.1)，当 CNT 计满溢出后，自动装载寄存器保存的初值赋给 CNT，继续计数。

在图 5-6 中，部分寄存器框图有阴影，表示该寄存器在物理上对应两个寄存器，一个是程序员可以写入或读出的寄存器，称为预装载寄存器(Preload Register)；另一个是程序员看不见的、但在操作中真正起作用的寄存器，称为影子寄存器(Shadow Register)，如图 5-7 所示。

根据 TIMx_CRl 寄存器中 ARPE 位的设置，当 ARPE = 0 时，预装载寄存器的内容可以随时传送到影子寄存器，即两者是连通的(Permanently)；当 ARPE = 1 时，每次更新事件

(UEV，如当计数器溢出时产生一次 UEV 事件)时，才把预装载寄存器的内容传送到影子寄存器，如图 5-7 所示。设计预装载寄存器和影子寄存器是为了让真正起作用的影子寄存器在同一个时间(发生更新事件时)被更新为所对应的预装载寄存器的内容，这样可以保证多个通道的操作能够准确地同步进行。

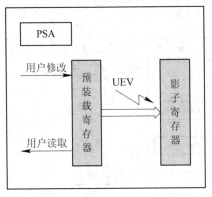
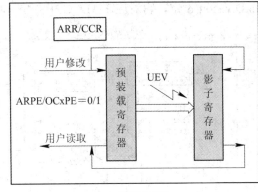

(a) 预装载寄存器   (b) 影子寄存器

图 5-7 预装载寄存器和影子寄存器

如果没有影子寄存器，或者预装载寄存器和影子寄存器是直通的，即软件更新预装载寄存器时，会同时更新影子寄存器。但软件不可能在同一时刻同时更新多个寄存器，会造成多个通道的时序不能同步，如果再加上其他因素，多个通道的时序关系有可能是不可预知的。设置影子寄存器后，可以保证当前正在进行的操作不受干扰，同时用户可以十分精确地控制电路的时序。另外，所有影子寄存器都可以通过更新事件来被刷新，这样可以保证定时器的各个部分能够在同一时刻改变配置，从而实现所有 I/O 通道的同步。STM32 的高级定时器就是利用这个特性实现三路互补 PWM 信号的同步输出的，从而完成三相变频电动机的精确控制。

在图 5-6 中，自动装载寄存器左侧有一个大写的 UEV 和一个向下的箭头，表示对应寄存器的影子寄存器可以在发生更新事件时，被更新为它的预装载寄存器的内容；而在自动装载寄存器右侧的箭头标志，表示自动装载动作可以产生一个更新事件(UEV)或更新事件中断(UEVI)。预分频寄存器用于设定计数器的时钟频率。自动装载寄存器的内容是预先装载的，每次 UEV 发生时，其内容传送到影子寄存器；若无 UEV，则永久保存在影子寄存器中。当计数器达到溢出条件且当 TIMx_CRI 寄存器中的 UDIS 位为 0 时，产生更新事件。

5.3.3 捕获和比较通道

TIMx 的捕获和比较通道可以分解为两部分，即输入通路和输出通路。当一个通道工作于捕获模式时，该通道的输出部分自动停止工作；同样的，当一个通道工作于比较模式时，该通道的输入部分自动停止工作。

1. 捕获通道

当一个通道工作于捕获模式时，输入信号从引脚经输入滤波、边沿检测和预分频电路后，控制捕获寄存器的操作。当指定的输入边沿到来时，定时器将该时刻计数器的当前数值复制到捕获寄存器，并在中断使能时产生中断。读出捕获寄存器的内容，就可以知道信号发生变化的准确时间。该通道可以用于测量脉冲宽度。

STM32 定时器的输入通道都有一个滤波单元,分别位于每个输入通路上(如图 5-8 中的左侧阴影框所示)和外部触发输入通路上(如图 5-8 中的右侧阴影框所示),其作用是滤除输入信号上的高频干扰。干扰的频率限制由 TIM_TimeBaseInitTypeDef 中的 TIM_ClockDivision 设定,它对应 TIMx_CRl 中 b8 和 b9 的 CKD[l :0]。

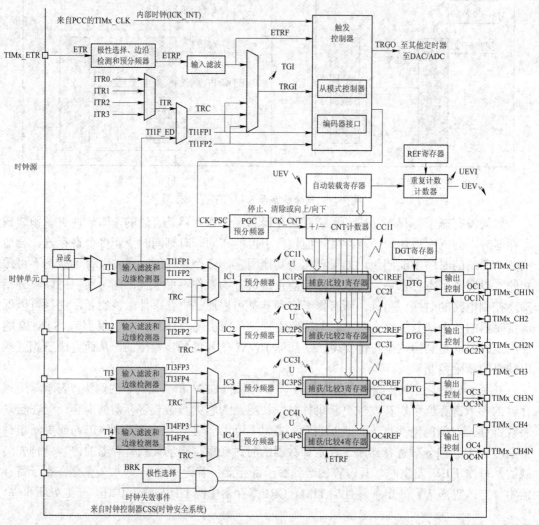

图 5-8　滤波单元

2. 比较通道

当一个通道工作于比较模式时,用户程序将比较数值写入比较寄存器,定时器会不停地将该寄存器的内容与计数器的内容进行比较,一旦比较条件成立,则产生相应的输出。如果使能了中断,则产生中断;如果使能了引脚输出,则按照控制电路的设置产生输出波形。这个通道最重要的应用就是输出 PWM 波形,如图 5-9 所示。PWM 控制是通过对一系列脉冲的宽度进行调制,来等效地获得所需要波形(含形状和幅值)的技术。

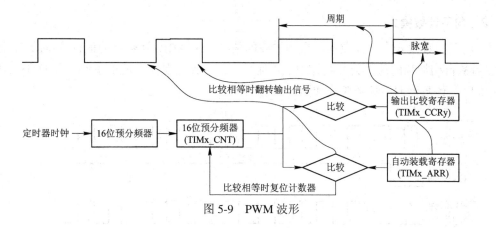

图 5-9　PWM 波形

5.3.4　计数器模式

时序图是用来描述电路信号变化规律的。从左到右，高电平在上，低电平在下，高阻态在中间；双线可能表示高也可能表示低，视数据而定；交叉线表示状态的高低变化，可以由高变低，也可以由低变高，也可以不变；竖线是生命线，代表时序图的对象在一段时期内的存在。时序图中的每个对象和底部中心都有一条垂直的虚线，这就是对象的生命线，对象的消息存在于两条生命线之间。时序要满足建立时间和保持时间的约束，才能保证锁存到正确的地址。数据或地址线的时序图有 0/1 两条线，表示是一个固定的电平，可能是"0"，也可能是"1"，视具体的地址或数据而定；交叉的线表示电平的变化，状态不确定，数值无意义。用时序图描述的计数器模式如下。

1. 向上计数模式

在向上计数模式中，计数器从 0 计数到自动加载的值(TIMx_ARR 计数器的值)，然后重新从 0 开始计数，并且产生一个计数器溢出事件。当 TIMx_ARR = 0x36 时，计数器向上计数模式如图 5-10 所示。

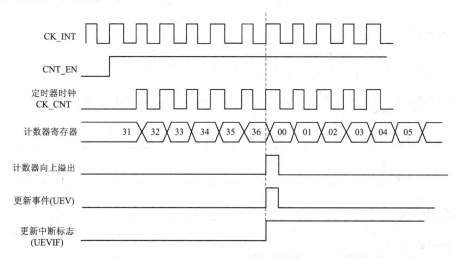

图 5-10　向上计数模式实例(TIMx_ARR=0x36)

2. 向下计数模式

在向下计数模式中，计数器从自动加载的值(TIMx_ARR 计数器的值)开始向下计数到 0，然后从自动加载的值重新开始计数，并且产生一个计数器向下溢出事件。当 TIMx_ARR = 0x36 时，计数器向下计数模式如图 5-11 所示。

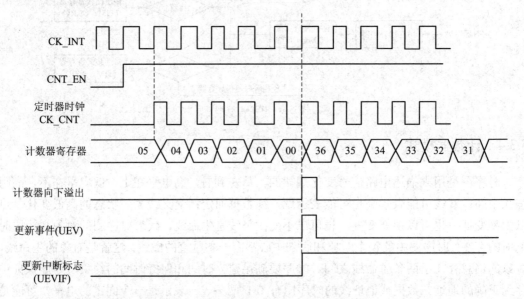

图 5-11   向下计数模式实例(TIMx_ARR=0x36)

3. 中央对齐模式(向上/向下计数)

在中央对齐模式中，计数器从 0 开始计数到自动加载的值(TIMx_ARR 寄存器)，产生一个计数器溢出事件，随后向下计数到 0，并且产生一个计数器下溢事件，然后再从 0 开始重新计数。当 TIMx_ARR = 0x06 时，计数器中央对齐模式如图 5-12 所示。

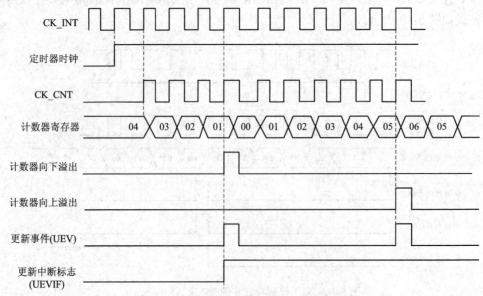

图 5-12   中央对齐模式

计数器模式由 TIM_TimeBaseInitTypeDef 中的 TIM_CounterMode 设定。模式的定义在 stm32f10x_tim.h 文件中：

#define TIM_CounterMode_Up	((uintl6_t)0x0000)	//向上计数模式
#define TIM_CounterMode_Down	((uintl6_t)0x0010)	//向下计数模式
#define TIM_CounterMode_CenterAlignedl	((uint16_t)0x0020)	//中央对齐模式
#define TIM_CounterMode_CenterAligned2	((uintl6_t)0x0040)	//中央对齐模式
#define TIM_CounterMode_CenterAligned3	((uintl6_t)0x0060)	//中央对齐模式

5.3.5 定时时间的计算

定时时间由 TIM_TimeBaseInitTypeDef 中的 TIM_Prescaler 和 TIM_Period 设定。TIM_Period 设定时间的大小需要经过 TIM_Period 计数后才会发生一次更新或中断。TIM_Prescaler 是时钟预分频数。

设脉冲频率为 TIMxCLK，定时公式为

$$T = (TIM\_Period + 1) \times (TIM\_Prescaler + 1) / TIMxCLK$$

假设系统时钟是 72 MHz，时钟系统部分初始化程序如下：

```
TIM_TimeBaseInitTypeDef.TIM_Prescaler = 35999;        //分频 35999
TlM_TimeBaseInitTypeDef.TIM_Period = 1999;            //计数值 1999
```

定时时间为

$$T = (TIM\_Period + 1) \times (TIM\_Prescaler + 1) / TIMxCLK$$
$$= (1999 + 1) \times (35999 + 1) / 72\ MHz = 1\ s$$

5.3.6 定时器中断

TIM 的 2 级中断控制可参见第 2 章表 2-26。TIM2 能够引起中断的中断源或事件有很多，如更新事件(上溢/下溢)、输入捕获、输出匹配、DMA 申请等。所有 TIM2 的中断事件都是通过一个 TIM2 中断通道向 Cortex-M3 内核提出中断申请的。Cortex-M3 内核对于每个外部中断通道都有相应的控制字和控制位，用于控制该中断通道。与 TIM2 中断通道相关的，在 NVIC 中有 13 位，它们是 PRI_28(IP[28])的 8 位(只用高 4 位)，以及中断通道允许、中断通道清除(相当于禁止中断)、中断通道 Pending 位、中断 Pending 位清除、正在被服务的中断(Active)标志位各 1 位。

TIM2 的中断过程如下。

1. 初始化过程

设置寄存器 AIRC 中 PRIGROUP 的值，规定系统中占先优先级和副优先级的个数(在 4 位中占用的位数)；设置 TIM2 寄存器，允许相应的中断，如允许 UIE (T1M2.DIER 的第[0]位)；设置 TIM2 中断通道的占先优先级和副优先级(IP[28]，在 NVIC 寄存器组中)；设置允许 TIM2 中断通道，对应在 NVIC 寄存器组的 ISER 寄存器中的 1 位。

2. 中断响应过程

当 TIM2 的 UIE 条件成立(更新、上溢或下溢)时，硬件将 TIM2 本身的寄存器中的 UIE

中断标志置位，然后通过 TIM2 中断通道向内核申请中断服务。此时内核硬件将 TIM2 中断通道的 Pending(待定位)标志置位，表示 TIM2 有中断申请。如果当前有中断正在处理，而 TIM2 的中断级别不够高，则保持 Pending 标志(当然，用户可以在软件中通过写 ICPR 寄存器中相应的位清除本次中断)。当内核有空时，开始响应 TIM2 的中断，进入 TIM2 的中断服务程序。此时硬件将 IABR 寄存器中相应的标志位置位，表示 TIM2 中断正在被处理，同时硬件清除 TIM2 的 Pending 标志位。

3．执行 TIM2 的中断服务程序

所有 TIM2 的中断事件都是在一个 TIM2 中断服务程序中完成的，所以响应中断后，中断程序需要首先判断是哪个 TIM2 的中断源需要服务，然后转移到相应的服务代码段去。注意，应清除该中断源的中断标志位，硬件是不会自动清除 TIM2 寄存器中具体的中断标志位的。如果 TIM2 本身的中断源多于两个，它们服务的先后次序就由用户编写的中断服务程序决定，所以用户在编写服务程序时，应该根据实际的情况和要求，通过软件的方式，将重要的中断优先处理。

4．中断返回

内核执行完中断服务程序后，便进入中断返回过程。在这个过程中，硬件将 IABR 寄存器中相应的标志位清除，表示该中断处理完成。如果 TIM2 本身还有中断标志位被置位，表示 TIM2 还有中断在申请，则重新将 TIM2 的 Pending 标志置为 1，等待再次进入 TIM2 的中断服务。

TIM2 中断服务函数是 stm32f10x_it.c 中的函数 TIM2_IRQHandler()。

5.4 通用定时器 TIMx 寄存器及库函数

5.4.1 寄存器

通用定时器 TIMx 相关寄存器及其功能如表 5-3 所示。

表 5-3 通用定时器 TIMx 相关寄存器及其功能

寄 存 器	功 能
控制寄存器 1(TIMx_CRl)	用于控制独立通用定时器
控制寄存器 2(TIMx_CR2)	用于控制独立通用定时器
模式控制寄存器(TIMx_SMCR)	用于从模式控制
DMA/中断使能寄存器(TIMx_DIER)	用于控制定时器的 DMA 及中断请求
状态寄存器(TIMx_SR)	保存定时器状态
事件产生寄存器(TIMx_EGR)	产生相应的中断和 DMA
捕获/比较模式寄存器 1(TIMx_CCMRl)	用于捕获/比较模式，各位的作用在输入和输出模式下不同
捕获/比较模式寄存器 2(TIMx_CCMR2)	用于捕获/比较模式，各位的作用在输入和输出模式下不同

寄 存 器	功 能
捕获/比较使能寄存器(TIMx_CCER)	用于允许捕获/比较
DMA 控制寄存器(TIMx_DCR)	用于控制 DMA 操作
计数器(TIMx_CNT)	用于保存计数器的计数值
预分频器(TIMx_PSC)	用于设置预分频器的值。计数器的时钟频率 CK_CNT $=f_{CK.PSC}/(PSC[15:0]+1)$
自动装载寄存器(TIMx_ARR)	保存计数器自动装载的计数值。当自动装载的值为空时,计数器不工作
捕获/比较寄存器 1 (TIMx_CCRl)	保存捕获/比较通道 1 的计数值
捕获/比较寄存器 2 (TIMx_CCR2)	保存捕获/比较通道 2 的计数值
捕获/比较寄存器 3 (TIMx_CCR3)	保存捕获/比较通道 3 的计数值
捕获/比较寄存器 4 (TIMx_CCR4)	保存捕获/比较通道 4 的计数值
连续模式的 DMA 地址寄存器 (TIMx_DMAR)	对 TIMx_DMAR 寄存器的读或写会导致对以下地址所在寄存器的存取操作:TIMx_CRl 地址+DBA+DMA 索引。其中,"TIMx_CRl 地址"是控制寄存器 1(TIMx_CRl)所在的地址;"DBA"是 TIMx_DCR 寄存器中定义的基地址;"DMA 索引"是由 DMA 自动控制的偏移量,它取决于 TIMx_DCR 寄存器中定义的 DBL

定时器寄存器组的结构体 TIM2 在库文件 stm32f10x.h 中的定义如下:

```
/*-----------------TIM--------------------------------------------*/
Typedef struct
{
    vu16 CR1;              //控制寄存器 1
    u16 RESERVED0;
    vu16 CR2;              //控制寄存器 2
    u16 RESERVED1;
    vu16 SMCR;             //从模式控制寄存器
    u16 RESERVED2;
    vu16 DIER;             //DMA/中断使能寄存器
    u16 RESERVED3;
    vu16 SR;               //状态寄存器
    u16 RESERVED4;
    vu16 EGR;              //事件产生寄存器
    u16 RESERVED5;
```

```
    vu16 CCMR1;                      //捕获/比较模式寄存器 1
    u16 RESERVED6;
    vu16 CCMR2;                      //捕获/比较模式寄存器 2
    u16 RESERVED7;
    vu16 CCER;                       //捕获/比较模式寄存器
    u16 RESERVED8;
    vu16 CNT;                        //计数器
    u16 RESERVED9;
    vu16 PSC;                        //预分频器
    u16 RESERVED10;
    vu16 ARR;                        //自动装载寄存器
    u16 RESERVED11;
    vu16 RCR;                        //重复计算寄存器
    u16 RESERVED12;
    vu16 CCR1;                       //捕获/比较寄存器 1
    u16 RESERVED13;
    vu16 CCR2 ;                      //捕获/比较寄存器 2
    u16 RESERVED14;
    vu16 CCR3;                       //捕获/比较寄存器 3
    u16 RESERVED15;
    vu16 CCR4;                       //捕获/比较寄存器 4
    u16 RESERVED16;
    vu16 BDTR;                       //刹车和死区寄存器
    u16 RESERVED17;
    vu16 DCR;                        //DMA 控制寄存器
    u16 RESERVED18;
    vu16 DMAR;                       //DMA 地址寄存器
    u16 RESERVED19;
} TIM_TypeDef;
/*获取 TIM 标志*/
#define PERIPH_BASE((u32)0x40000000)
...
/*定义首地址*/
#define APB1PERIPH_BASE        PERIPH_BASE
...
#define TIM2_BASE          (APB1PERIPH_BASE+0x0000)
...
#define_TIM2
#define TIM2          ((TIM_TypeDef*)TIM2_BASE)
```

#endif /*_TIM2*/

从上面的宏定义可以看出，TIM2 寄存器的存储映射首地址是 0x40000000。

5.4.2 库函数

定时器寄存器初始化相关的数据结构在 stm32f10x_tim.h 中的定义如下：

```
Typedef struct
{
    uintl6_t TIM_Prescaler;              //预分频因子
    uintl6_t TIM_CounterMode;    //定时器计数模式
    uintl6_t TIM_Period;                 //定时周期个数
    uintl6_t TIM_ClockDivision;          //定时器分频因子
    uint8_t TIM_RepetitionCounter;
} TIM_TimeBaseInitTypeDef;
```

预分频器是一个 16 位计数器，TIM_Prescaler 写入预分频器中，将计数器的时钟频率按 1~65 536 之间的任意值分频。特别注意的是，这个控制寄存器带有缓冲器，它能够在工作时被改变。如果改变，与定时器相关的新的预分频器参数在下一次更新事件到来时被采用。如果改变，与定时器相关的计数器由预分频器的时钟输出 CK_CNT 驱动，仅当设置计数器 TIMx_CRI 寄存器中的计数器使能位(CEN)时，CK_CNT 才有效。真正的计数器使能信号 CNT_EN 是在 CEN 的一个时钟周期后被设置的。

5.5 TIM2 应用实例

本节将从程序功能、硬件电路、程序分析三个方面具体介绍定时器的应用实例。

1．程序功能

LED 按照"分：秒"格式显示时间。

2．硬件电路

LED 电路如图 5-13 所示。

3．程序分析

程序分析如下：

(1) 主程序初始化。包括时钟 RCC 的配置，系统的频率设置为 72 MHz。主要代码如下：

```
RCC_APB2PeriphClockCmd(RCC_APB2Periph_GPIOA|RCC_APB2Periph_GPIOB|RCC_APB2Pe
riph_GPIOC|RCC_APB2Periph_GPIOD|RCC_APB2Periph_USARTI|RCC_APBlPeriph_USART2|RCC_
APB2Periph_AFIO, ENABLE);
    GPIO_Configuration();           //键盘 LED 的端口配置
    GPIO_PinRemapConfig(GPIO_Remap_SWJ_Disable,ENABLE);      //处理 GPIO 复用
```

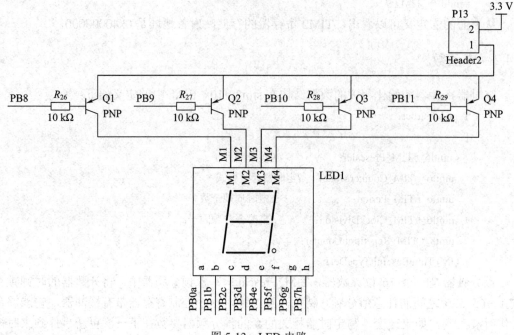

图 5-13　LED 电路

(2) TIM2 初始化。

```
Timer_Config(void)
{
    TIM_TimeBaseInitTypeDef    TIM_TimeBaseStructure;
    RCC_APBlPeriphClockCmd(RCC_APBlPeriph_TIM2, ENABLE);                //开启 TIM2
    TIM_DeInit(TIM2);                                      //复位 TIM2 定时器，使之进入初始状态
    TIM_TimeBaseStructure. TIM_Period = (20 - 1);          //自动装载寄存器的值
    TIM_TimeBaseStructure. TIM_Prescaler = (36000-1);                   //时钟预分频器
    TIM_TimeBaseStructure. TIM_ClockDivision = TIM_CKD_DIVl;            //采样分频
    TIM_TimeBaseStnicture. TIM_CounterMode = TIM_CounterMode_Up;        //向上计数
    TIM_TimeBaseInit(TIM2,&TIM_TimeBaseStructure);
    TlM_ClearFlag(TIM2,TIM_FLAG_Update);                  //清除溢出中断标志
    TIM_JTConfig( TIM2 ,TIM_IT_Update, ENABLE);
    TIM_Cmd(TIM2,ENABLE);
}
```

由上述初始化设置及定时计算公式可知，每次定时时间为

$$T = (\text{TIM\_Period} + 1) \times (\text{TIM\_Prescaler} + 1) / \text{TIMxCLK}$$
$$= (20 - 1 + 1) \times (36000 - 1 + 1) / 72\ \text{MHz} = 10^{-2}\ \text{s}$$

(3) TIM2 中断配置函数。

```
void NVIC_Config(void)
{
    NVIC_InitTypeDef    NVIC_InitStructure;
```

```
        NVIC_PriorityGroupConfig( NVIC_PriorityGroup_0);
        NVIC_InitStructure. NVIC_IRQChannel = TIM2_IRQn;
        NVIC_InitStructure. NVIC_IRQChannelPreemptionPriority = 0;
        NVIC_InitStructure. NVlC_IRQChannelSubPriority =0;
        NVIC_InitStructure. NVIC_IRQChannelCmd = ENABLE;
        NVIC_Init( &NVIC_InitStructure);
    }
```

(4) 中断服务函数。进入中断服务程序后，首先要清除中断标志位。由于使用的是向上溢出模式，因此使用的函数如下：

```
    TIM_ClearITPendingBits(TIM2,TIM_FLAG_Update);
    void TIM2_IRQHandler(void)
    {
        if (TIM_GetITStatus(TIM2, TIM_IT_Update) != RESET)
        {
            TIM_ClearITPendingBits(TIM2, TlM_FLAG_Update);
            count++;
            if (count >= 100)
            {
                count = 0;
                sec++;
                if (sec == 60)
                {
                    sec = 0;
                    min++;
                    if (min == 60)
                    {
                        min = 0;
                    }
                }
            }
        }
    }
```

(5) 主循环程序。

```
    while (1)
    {
        segshow(sec,min);                //显示当前时间
    }
```

本 章 小 结

　　本章首先概述了 STM32 的定时器，介绍了通用定时器 TIMx 的功能、结构，并对时钟源选择、时基单元、捕获和比较通道、计数器模式、定时时间的计算和定时器中断进行了详细的讲述，然后讲述了通用定时器 TIMx 的寄存器及库函数，最后通过秒表输出案例阐述了 STM32 定时器的实际应用。

第6章 模数转换器

6.1 ADC 概述

模数转换器(ADC)即 A/D 转换器，是指将连续变化的模拟信号转换为离散的数字信号的器件。真实世界的模拟信号，例如温度、压力、声音或者图像等，需要转换成更容易储存、处理和发射的数字信号，ADC 可以实现这个功能，在各种不同的产品中都可以找到它的身影。

ADC 是将一个输入电压信号转换为一个输出的数字信号。由于数字信号本身不具有实际意义，仅仅表示一个相对大小，因此任何一个 ADC 都需要一个参考模拟量作为转换的标准，比较常见的参考标准为最大的可转换信号的大小。而输出的数字量则表示输入信号相对于参考信号的大小。

ADC 最重要的参数是转换的精度，通常用输出的数字信号位数的多少表示。能够准确输出的数字信号的位数越多，表示转换器能够分辨输入信号的能力越强，性能也越好。例如，对于一个 2 位的电压模数转换器，如果将参考电压值设为 1 V，那么输出的信号有 00、01、10、11 四种可能，分别代表输入电压在 0~0.25 V、0.25 V~0.5 V、0.5 V~0.75 V、0.75 V~1 V 时的对应输入。当一个 0.8 V 的信号输入时，转换器输出的数据为 11。

ADC 的种类很多，按工作原理的不同，可分成间接 ADC 和直接 ADC。间接 ADC 是先将输入模拟电压转换成时间或频率，然后再把这些中间量转换成数字量，常用的有中间量是时间的双积分型 ADC。直接 ADC 则是直接转换成数字量，常用的有并联比较型 ADC 和逐次逼近型 ADC。

(1) 并联比较型 ADC。并联比较型 ADC 采用各量级同时并行比较，各位输出码也是同时并行产生的，所以转换速度快是它的突出优点，同时转换速度与输出码位的多少无关。并联比较型 ADC 的缺点是成本高、功耗大。因为 n 位输出的 ADC 需要 $2n$ 个电阻、$(2n-1)$ 个比较器和 D 触发器，以及复杂的编码网络，其元件数量随位数的增加以几何级数上升，所以这种 ADC 适用于要求高速、低分辨率的场合。

(2) 逐次逼近型 ADC。逐次逼近型 ADC 是另一种直接 ADC，它也产生一系列比较电压 V_R。但与并联比较型 ADC 不同，它是逐个产生比较电压，逐次与输入电压分别比较，以逐渐逼近的方式进行模数转换的。逐次逼近型 ADC 每次转换都要逐位比较，需要 $(n+1)$ 个节拍脉冲才能完成，所以它比并联比较型 ADC 的转换速度慢，而比双分积型 ADC 的要快得多，属于中速 ADC 器件。此外，位数较多时，它需用的元器件比并联比较型的少得多，所以它是集成 ADC 中应用较广的一种。

(3) 双积分型 ADC。双积分型 ADC 属于间接型 ADC，它先对输入采样电压和基准电压进行两次积分，以获得与采样电压平均值成正比的时间间隔，同时在这个时间间隔内，用计数器对标准时钟脉冲(CP)计数，计数器输出的计数结果就是对应的数字量。双积分型 ADC 的优点是抗干扰能力强、稳定性好，可实现高精度模数转换；主要缺点是转换速度低，因此这种转换器大多应用于精度要求较高而转换速度不高的仪器仪表中，例如用于多位高精度数字直流电压表中。

6.2 ADC 的结构和功能

6.2.1 ADC 的结构

ADC 的内部结构决定了 STM32F1 ADC 拥有很多功能。为了更好地理解 STM32F1 ADC，可以把 ADC 的结构框图分成 7 个子模块，如图 6-1 所示。

(1) 标号 1：电压输入引脚。

ADC 输入电压范围为：$V_{REF-} \leqslant V_{IN} \leqslant V_{REF+}$。通常把 V_{SSA} 和 V_{REF-} 接地，把 V_{REF+} 和 V_{DDA} 接 3.3 V，因此 ADC 的输入电压范围为 0～3.3 V。

如果希望 ADC 测试负电压或者更高的正电压，可以在外部加一个电压调理电路，把需要转换的电压抬升或者降压到 0～3.3 V。但应注意，禁止直接将高于 3.3 V 的电压接到 ADC 引脚上，否则可能烧坏芯片。

(2) 标号 2：输入通道。

STM32 ADC 的输入通道多达 18 个，其中外部的 16 个通道就是图 6-1 中的 ADCx_IN0、ADCx_IN1、…、ADCx_IN15(x=1，2，3，表示 ADC 数)，通过这 16 个外部通道可以采集模拟信号。这 16 个通道对应着不同的 IO 口，具体可查询数据手册。ADC1 还有 2 个内部通道：ADC1 的通道 16 连接到芯片内部的温度传感器，通道 17 连接到内部参考电压。ADC2 和 ADC3 的通道 16、17 全部连接到内部参考电压。

(3) 标号 3：通道转换顺序。

外部的 16 个通道在转换时可分为 2 组通道：规则通道组和注入通道组，规则通道组最多有 16 路，注入通道组最多有 4 路。

① 规则通道组：一种规规矩矩的通道，类似于正常执行的程序。通常使用的都是这个通道。

② 注入通道组：注入即为插入，是一种不安分的通道，类似于中断，可以打断程序的执行。同样的，如果在规则通道转换过程中，有注入通道插队，就要先转换完注入通道后，再回到规则通道的转换流程。

每个组包含一个转换序列，该序列可按任意顺序在任意通道上完成。例如，可按以下顺序对序列进行转换：ADC_IN3、ADC_IN8、ADC_IN2、ADC_IN2、ADC_IN0、ADC_IN2、ADC_IN2、ADC_IN15。规则通道组序列寄存器有 3 个，分别是 SQR3、SQR2、SQR1。SQR3 控制着规则序列中的第 1～6 个转换，对应的位为 SQ1[4:0]～SQ6[4:0]，第一次转换的是位 SQ1[4:0]。如果希望通道 3 第 1 次转换，则在 SQ1[4:0]写 3 即可。SQR2 控制着规则序列中的第 7～12 个转换，对应的位为 SQ7[4:0]～SQ12[4:0]。如果希望通道 1 第 8 个转换，则 SQ8[4:0]写 1 即可。SQR1 控制着规则序列中的第 13～16 个转换，对应的位为 SQ13[4:0]～SQ16[4:0]。如果希望通道 6 第 10 个转换，则 SQ10[4:0]写 6 即可。具体使用多少个通道，由 SQR1 的位 L[3:0]决定，最多 16 个通道。

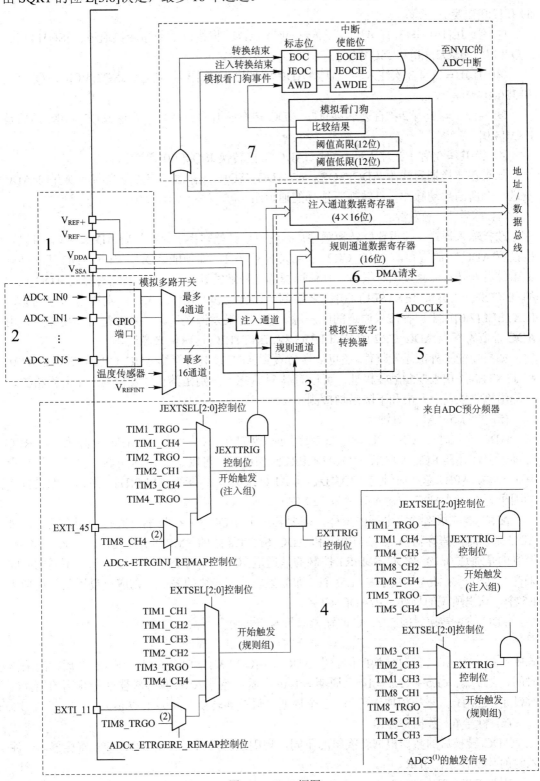

图 6-1　ADC 框图

注入通道组序列寄存器只有 1 个，即 JSQR。它最多支持 4 个通道，具体多少个由 JSQR 的 JL[2:0]决定。注意：

① 当 JL[1:0] = 3(有 4 次注入转换)时，ADC 将按以下顺序转换通道：JSQ1[4:0]、JSQ2[4:0]、JSQ3[4:0]和 JSQ4[4:0]。

② 当 JL = 2(有 3 次注入转换)时，ADC 将按以下顺序转换通道：JSQ2[4:0]、JSQ3[4:0]和 JSQ4[4:0]。

③ 当 JL = 1(有 2 次注入转换)时，ADC 转换通道的顺序为：先是 JSQ3[4:0]，而后是 JSQ4[4:0]。

④ 当 JL = 0(有 1 次注入转换)时，ADC 将仅转换 JSQ4[4:0]通道。

如果在转换期间修改 ADC_SQRx 或 ADC_JSQR 寄存器，将复位当前转换并向 ADC 发送一个新的启动脉冲，以转换新选择的通道组。

(4) 标号 4：触发源。

选择输入通道，并设置好转换顺序后，就可以开始转换了。要开启 ADC 转换，可以直接设置 ADC 控制寄存器 ADC_CR2 的 ADON 位为 1，即使能 ADC。当然 ADC 还支持外部事件触发转换，触发源有很多，具体选择哪一种触发源，由 ADC 控制寄存器 ADC_CR2 的 EXTSEL[2:0]和 JEXTSEL[2:0]位来控制。EXTSEL[2:0]用于选择规则通道的触发源，JEXTSEL[2:0]用于选择注入通道的触发源。选定好触发源之后，触发源是否需要激活，由 ADC 控制寄存器 ADC_CR2 的 EXTTRIG 和 JEXTTRIG 这两位来激活。

如果使能了外部触发事件，还可以通过设置 ADC 控制寄存器 ADC_CR2 的 EXTEN[1:0]和 JEXTEN[1:0]来控制触发极性，可以有 4 种状态，分别是禁止触发检测、上升沿检测、下降沿检测以及上升沿和下降沿均检测。

(5) 标号 5：ADC 时钟。

ADC 输入时钟 ADC_CLK 由 APB2 经过分频产生，最大值是 14 MHz，分频因子由 RCC 时钟配置寄存器 RCC_CFGR 的位 ADCPRE[1:0]设置，可以是 2/4/6/8 分频。注意，这里没有 1 分频。APB2 总线时钟为 72 MHz，而 ADC 最大工作频率为 14 MHz，所以一般设置分频因子为 6，则 ADC 的输入时钟为 12 MHz。

ADC 要完成对输入电压的采样，需要若干个 ADC_CLK 周期，采样的周期数可通过 ADC 采样时间寄存器 ADC_SMPR1 和 ADC_SMPR2 中的 SMP[2:0]位设置。ADC_SMPR2 控制的是通道 0～9，ADC_SMPR1 控制的是通道 10～17。每个通道可以分别用不同的时间采样。其中，采样周期最小是 1.5 个，即如果要达到最快的采样，则应该设置采样周期为 1.5 个，这里所说的周期是 1/ADC_CLK。

ADC 的总转换时间与 ADC 的输入时钟和采样时间有关，其公式为

$$T_{conv} = \text{采样时间} + 12.5 \text{ 个周期}$$

式中：T_{conv} 为 ADC 的总转换时间。当 ADC_CLK=14 MHz 时，同时设置 1.5 个周期的采样时间，则 $T_{covn} = 1.5 + 12.5 = 14$ 个周期 = 1 μs。通常经过 ADC 预分频器能分频到的最大的时钟是 12 MHz，采样周期设置为 1.5 个周期，最短的转换时间为 1.17 μs。

(6) 标号 6：数据寄存器。

ADC 转换后的数据根据转换组的不同，规则组的数据存放在 ADC_DR 寄存器内，注入组的数据存放在 JDRx 内。

因为 STM32F1 的 ADC 是 12 位转换精度，而数据寄存器是 16 位，所以 ADC 在存放

数据时可分为左对齐和右对齐。如果是左对齐,则转换完成数据存放在 ADC_DR 寄存器的 [4:15]位内;如果是右对齐,则存放在 ADC_DR 寄存器的[0:11]位内。具体选择哪种存放方式,需通过 ADC_CR2 的 11 位 ALIGN 设置。

在规则组中,含有 16 路通道,对应存放规则数据的寄存器只有 1 个。如果使用多通道转换,则转换后的数据就全部存放在 ADC_DR 寄存器内,前一个时间点转换的通道数据会被下一个时间点的另外一个通道转换的数据覆盖掉,所以当通道转换完成后就应该把数据取走,或者开启 DMA 模式,把数据传输到内存里面,否则会造成数据的覆盖。最常用的做法就是开启 DMA 传输。如果没有使用 DMA 传输,一般通过 ADC 状态寄存器 ADC_SR 获取当前 ADC 转换的进度状态,进而进行程序控制。

而在注入组中,最多含有 4 路通道,对应着存放注入数据的寄存器正好有 4 个,因此不会产生数据覆盖的问题。

(7) 标号 7:中断。

当发生以下事件且使能相应中断标志位时,ADC 会产生中断。

① 转换结束(规则转换)与注入转换结束。数据转换结束后,如果使能中断转换结束标志位,转换一结束就会产生转换结束中断。

② 模拟看门狗事件。当被 ADC 转换的模拟电压低于低阈值或者高于高阈值时,就会产生中断,前提是开启了模拟看门狗中断。其中,低阈值和高阈值由 ADC_LTR 和 ADC_HTR 设置。

③ DMA 请求。规则通道和注入通道转换结束后,除了产生中断外,还可以产生 DMA 请求,把转换好的数据直接存储在内存里面。要注意的是,只有 ADC1 和 ADC3 可以产生 DMA 请求。一般在使用 ADC 时都会开启 DMA 传输。

STM32F1 的 ADC 转换模式有单次转换模式与连续转换模式。在单次转换模式下,ADC 执行一次转换。可以通过 ADC_CR2 寄存器的 SWSTART 位(只适用于规则通道)启动,也可以通过外部触发启动(适用于规则通道和注入通道),这时 CONT 位为 0。以规则通道为例,一旦所选择的通道转换完成,转换结果将被存放在 ADC_DR 寄存器中,EOC(转换结束)标志将被置位。如果设置了 EOCIE,则会产生中断。之后 ADC 将停止,直到下次启动。

在连续转换模式下,ADC 结束一个转换后立即启动一个新的转换。CONT 位为 1 时,可通过外部触发或将 ADC_CR2 寄存器中的 SWSTART 位置 1 来启动此模式(仅适用于规则通道)。需要注意的是,此模式无法连续转换注入通道。连续模式下唯一的例外情况是,注入通道配置为在规则通道之后自动转换(使用 JAUTO 位)。

6.2.2 ADC 的功能

ADC 的功能如下:

1. ADC 开关控制

通过设置 ADC_CR2 寄存器的 ADON 位可给 ADC 上电。当第一次设置 ADON 位时,它将 ADC 从断电状态下唤醒。ADC 上电延迟一段时间后(t_{STAB}),再次设置 ADON 位时开始进行转换。通过清除 ADON 位可以停止转换,并将 ADC 置于断电模式。在这个模式中,ADC 几乎不耗电(仅几个微安)。

2. ADC 时钟

由时钟控制器提供的 ADCCLK 时钟和 PCLK2(APB2 时钟)同步。RCC 控制器为 ADC 时钟提供一个专用的可编程预分频器。

3. 通道选择

有 16 个多路通道。可以把转换组织成两组：规则组和注入组。在任意多个通道上以任意顺序进行的一系列转换构成成组转换。例如，可以按以下顺序完成转换：通道 3、通道 8、通道 2、通道 2、通道 0、通道 2、通道 2、通道 15。

(1) 规则组由多达 16 个转换组成。规则通道和它们的转换顺序在 ADC_SQRx 寄存器中选择。规则组中转换的总数应写入 ADC_SQR1 寄存器的 L[3:0]位中。

(2) 注入组由多达 4 个转换组成。注入通道和它们的转换顺序在 ADC_JSQR 寄存器中选择。注入组里的转换总数应写入 ADC_JSQR 寄存器的 L[1:0]位中。

如果 ADC_SQRx 或 ADC_JSQR 寄存器在转换期间被更改，当前的转换被清除，一个新的启动脉冲将发送到 ADC 以转换新选择的组。

4. 单次转换模式

单次转换模式下，ADC 只执行一次转换。该模式既可通过设置 ADC_CR2 寄存器的 ADON 位(只适用于规则通道)启动，也可通过外部触发启动(适用于规则通道或注入通道)，这时 CONT 位为 0。

5. 连续转换模式

在连续转换模式中，当前一次 ADC 转换结束则会立即启动另一次转换。此模式可通过外部触发启动或通过设置 ADC_CR2 寄存器上的 ADON 位启动，此时 CONT 位是 1。

每个转换后：

(1) 如果一个规则通道被转换，则转换数据被存储在 16 位的 ADC_DR 寄存器中；EOC(转换结束)标志被设置；如果设置了 EOCIE，则产生中断。

(2) 如果一个注入通道被转换，则转换数据被存储在 16 位的 ADC_DRJ1 寄存器中；JEOC(注入转换结束)标志被设置；如果设置了 JEOCIE 位，则产生中断。

6. 时序图

如图 6-2 所示，ADC 在开始精确转换前需要一个稳定时间 t_{STAB}。

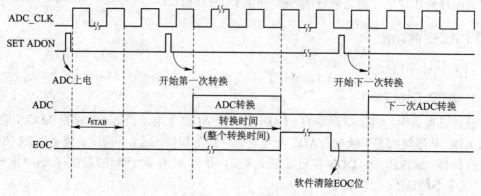

图 6-2　时序图

7. 模拟看门狗

如果被 ADC 转换的模拟电压低于低阈值或高于高阈值，AWD 模拟看门狗状态位被设置。阈值位于 ADC_HTR 和 ADC_LTR 寄存器的最低 12 个有效位中。通过设置 ADC_CR1 寄存器的 AWDIE 位以允许产生相应的中断。图 6-3 是模拟看门狗警戒区。

图 6-3　模拟看门狗警戒区

阈值独立于由 ADC_CR2 寄存器上的 ALIGN 位选择的数据对齐模式。比较是在对齐之前完成的。通过配置 ADC_CR1 寄存器，模拟看门狗可以作用于一个或多个通道，如表 6-1 所示。

表 6-1　模拟看门狗通道选择

模拟看门狗警戒的通道	ADC_CR1 寄存器控制位		
	AWDSGL 位	AWDEN 位	JAWDEN 位
无	任意值	0	0
所有注入通道	0	0	1
所有规则通道	0	1	0
所有注入通道和规则通道	0	1	1
单一的注入通道	1	0	1
单一的规则通道	1	1	0
单一的注入通道或规则通道	0	0	0

8. 扫描模式

扫描模式用来扫描一组模拟通道。该模式可通过设置 ADC_CR1 寄存器的 SCAN 位来选择，一旦这个位被设置，ADC 扫描所有被 ADC_SQRx 寄存器(对规则通道)或 ADC_JSQR(对注入通道)选中的所有通道。在每个组的每个通道上执行单次转换。在每个转换结束时，同一组的下一个通道被自动转换。如果设置了 CONT 位，则转换不会在选择组的最后一个通道上停止，而是再次从选择组的第一个通道继续转换。如果设置了 DMA 位，则在每次 EOC 后，DMA 控制器把规则组通道的转换数据传输到 SRAM 中。注入通道转换的数据总是存储在 ADC_JDRx 寄存器中。

9. 注入通道管理

ADC 有如下两种注入方式：

(1) 触发注入。清除 ADC_CR1 寄存器的 JAUTO 位，并且设置 SCAN 位，即可使用触发注入功能。

注：当使用触发的注入转换时，必须保证触发事件的间隔长于注入序列。例如，序列长度为 28 个 ADC 时钟周期(即 2 个具有 1.5 个时钟间隔采样时间的转换)，触发之间最小的间隔必须是 29 个 ADC 时钟周期。

(2) 自动注入。如果设置了 JAUTO 位，则在规则组通道之后，注入组通道被自动转换。这可以用来转换在 ADC_SQRx 和 ADC_JSQR 寄存器中设置的多至 20 个转换序列。

在自动注入模式里，必须禁止注入通道的外部触发。如果除 JAUTO 位外还设置了 CONT 位，则规则通道至注入通道的转换序列被连续执行。对于 ADC 时钟预分频系数为 4～8 时，当从规则转换切换到注入序列或从注入转换切换到规则序列时，会自动插入 1 个 ADC 时钟间隔；当 ADC 时钟预分频系数为 2 时，则有 2 个 ADC 时钟间隔的延迟。图 6-4 为注入转换延时时序图。

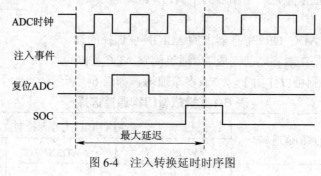

图 6-4　注入转换延时时序图

6.2.3　寄存器

1. ADC 状态寄存器(ADC_SR)

ADC 状态寄存器各位如图 6-5 所示，各位含义如表 6-2 所示。其中，地址偏移：0x00；复位值：0x00000000。

31	30	29	28	27	26	25	24	23	22	21	20	19	18	17	16
保 留														

15	14	13	12	11	10	9	8	7	6	5	4	3	2	1	0
保 留											STRT	JSTRT	JEOC	EOC	AWD
											rc w0	rc w0	rc w0	rc w0	rc w0

图 6-5　ADC 状态寄存器

表 6-2　ADC 状态寄存器各位含义

位	含　义
位 31:5	保留。必须保持为 0
位 4	STRT：规则通道开始位(Regular channel start flag)。该位由硬件在规则通道转换开始时设置，由软件清除。其中： 0：规则通道转换未开始； 1：规则通道转换已开始
位 3	JSTRT：注入通道开始位(Injected channel start flag)。该位由硬件在注入通道组转换开始时设置，由软件清除。其中： 0：注入通道组转换未开始； 1：注入通道组转换已开始

位	含　义
位 2	JEOC：注入通道转换结束位(Injected channel end of conversion)。该位由硬件在所有注入通道组转换结束时设置，由软件清除。其中： 0：转换未完成； 1：转换完成
位 1	EOC：转换结束位(End of conversion)。该位由硬件在(规则或注入)通道组转换结束时设置，由软件清除或读取 ADC_DR 时清除。其中： 0：转换未完成； 1：转换完成
位 0	AWD：模拟看门狗标志位(Analog watchdog flag)。该位由硬件在转换的电压值超出了 ADC_LTR 和 ADC_HTR 寄存器定义的范围时设置，由软件清除。其中： 0：没有发生模拟看门狗事件； 1：发生模拟看门狗事件

2. ADC 控制寄存器 1(ADC_CR1)

ADC 寄控制寄存器 1 如图 6-6 所示，各位含义如表 6-3 所示。其中，地址偏移：0x04；复位值：0x00000000。

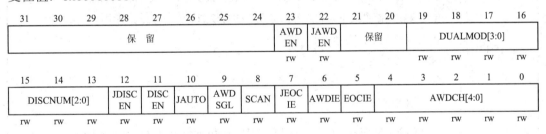

图 6-6　ADC 控制寄存器 1

表 6-3　ADC 控制寄存器 1 各位含义

位	含　义
位 31:24	保留。必须保持为 0
位 23	AWDEN：在规则通道上开启模拟看门狗(Analog watchdog enable on regular Channels)。该位由软件设置和清除。其中： 0：在规则通道上禁用模拟看门狗； 1：在规则通道上使用模拟看门狗
位 22	JAWDEN：在注入通道上开启模拟看门狗(Analog watchdog enable on injected Channels)。该位由软件设置和清除。其中： 0：在注入通道上禁用模拟看门狗； 1：在注入通道上使用模拟看门狗

位	含 义
位 21:20	保留。必须保持为 0
位 19:16	DUALMOD[3:0]：双模式选择(Dual mode selection)。软件使用这些位选择操作模式。其中： 0000：独立模式； 0001：混合的同步规则+注入同步模式； 0010：混合的同步规则+交替触发模式； 0011：混合同步注入+快速交叉模式； 0100：混合同步注入+慢速交叉模式； 0101：注入同步模式； 0110：规则同步模式； 0111：快速交叉模式； 1000：慢速交叉模式； 1001：交替触发模式。 注：在 ADC2 和 ADC3 中这些位为保留位。 在双模式中，改变通道的配置会产生一个重新开始的条件，这将导致同步丢失。因此，建议在进行任何配置前关闭双模式
位 15:13	DISCNUM[2:0]：间断模式通道计数(Discontinuous mode channel count)。软件通过这些位定义在间断模式下，收到外部触发后转换规则通道的数目。其中： 000：1 个通道； 001：2 个通道； ... 111：8 个通道
位 12	JDISCEN：在注入通道上的间断模式(Discontinuous mode on injected channels)。该位由软件设置和清除，用于开启或关闭注入通道组上的间断模式，其中： 0：注入通道组上禁用间断模式； 1：注入通道组上使用间断模式
位 11	DISCEN：在规则通道上的间断模式(Discontinuous mode on regular channels)。该位由软件设置和清除，用于开启或关闭规则通道组上的间断模式。其中： 0：规则通道组上禁用间断模式； 1：规则通道组上使用间断模式
位 10	JAUTO：自动的注入通道组转换(Automatic injected group conversion)。该位由软件设置和清除，用于开启或关闭规则通道组转换结束后自动的注入通道组转换。其中： 0：关闭自动的注入通道组转换； 1：开启自动的注入通道组转换

位	含　义
位 9	AWDSGL：扫描模式中在一个单一的通道上使用看门狗(Enable the watchdog on a single channel in scan mode)。该位由软件设置和清除，用于开启或关闭由 AWDCH[4:0] 位指定的通道上的模拟看门狗功能。其中： 0：在所有的通道上使用模拟看门狗； 1：在单一通道上使用模拟看门狗
位 8	SCAN：扫描模式(Scan mode)。该位由软件设置和清除，用于开启或关闭扫描模式。在扫描模式中，转换由 ADC_SQRx 或 ADC_JSQR 寄存器选中的通道。其中： 0：关闭扫描模式； 1：使用扫描模式。 注：如果分别设置了 EOCIE 或 JEOCIE 位，则只在最后一个通道转换完毕后才会产生 EOC 或 JEOC 中断
位 7	JEOCIE：允许产生注入通道转换结束中断(Interrupt enable for injected channels)。该位由软件设置和清除，用于禁止或允许所有注入通道转换结束后产生的中断。其中： 0：禁止 JEOC 中断； 1：允许 JEOC 中断。 当硬件设置 JEOC 位时产生中断
位 6	AWDIE：允许产生模拟看门狗中断(Analog watchdog interrupt enable)。该位由软件设置和清除，用于禁止或允许模拟看门狗产生中断。在扫描模式下，如果看门狗检测到超范围的数值时，只有在设置了该位时扫描才会中止。其中： 0：禁止模拟看门狗中断； 1：允许模拟看门狗中断
位 5	EOCIE：允许产生 EOC 中断(Interrupt enable for EOC)。该位由软件设置和清除，用于禁止或允许转换结束后产生中断。其中： 0：禁止 EOC 中断； 1：允许 EOC 中断。 当硬件设置 EOC 位时产生中断
位 4:0	AWDCH[4:0]：模拟看门狗通道选择位(Analog watchdog channel select bits)。这些位由软件设置和清除，用于选择模拟看门狗保护的输入通道。其中： 00000：ADC 模拟输入通道 0； 00001：ADC 模拟输入通道 1； … 01111：ADC 模拟输入通道 15； 10000：ADC 模拟输入通道 16； 10001：ADC 模拟输入通道 17； 保留所有其他数值。 注：ADC1 的模拟输入通道 16 和通道 17 在芯片内部分别连到了温度传感器和 V_{REFINT}。ADC2 的模拟输入通道 16 和通道 17 在芯片内部连到了 V_{SS}。ADC3 模拟输入通道 9、14、15、16、17 与 V_{SS} 相连

3. ADC 控制寄存器 2(ADC_CR2)

ADC 控制寄存器 2 如图 6-7 所示，各位含义如表 6-4 所示。其中，地址偏移：0x08；复位值：0x00000000。

31	30	29	28	27	26	25	24	23	22	21	20	19	18	17	16
			保 留					TS VREFE	SW START	JSW START	EXT TRIG	EXTSEL[2:0]			保留
								rw	rw	rw	rw	rw	rw	rw	rw

15	14	13	12	11	10	9	8	7	6	5	4	3	2	1	0
JEXT TRIG	JEXTSEL[2:0]			ALIGN	保留		DMA	保 留				RST CAL	CAL	CONT	ADON
rw	rw	rw	rw	rw			rw					rw	rw	rw	rw

图 6-7　ADC 控制寄存器 2

表 6-4　ADC 控制寄存器 2 各位含义

位	含 义
位 31:24	保留。必须保持为 0
位 23	TSVREFE：温度传感器和 V_{REFINT} 使能(Temperature sensor and V_{REFINT} enable)。该位由软件设置和清除，用于开启或禁止温度传感器和 V_{REFINT} 通道。在多于一个 ADC 的器件中，该位仅出现在 ADC1 中。其中： 0：禁止温度传感器和 V_{REFINT}； 1：启用温度传感器和 V_{REFINT}
位 22	SWSTART：开始转换规则通道(Start conversion of regular channels)。由软件设置该位以启动转换，转换开始后硬件马上清除此位。如果在 EXTSEL[2:0]位中选择了 SWSTART 为触发事件，则该位用于启动一组规则通道的转换。其中： 0：复位状态； 1：开始转换规则通道
位 21	JSWSTART：开始转换注入通道(Start conversion of injected channels)。由软件设置该位以启动转换，软件可清除此位或在转换开始后硬件马上清除此位。如果在 JEXTSEL[2:0]位中选择了 JSWSTART 为触发事件，则该位用于启动一组注入通道的转换。其中： 0：复位状态； 1：开始转换注入通道
位 20	EXTTRIG：规则通道的外部触发转换模式(External trigger conversion mode for regular channels)。该位由软件设置和清除，用于开启或禁止可以启动规则通道组转换的外部触发事件。其中： 0：不用外部事件启动转换； 1：使用外部事件启动转换

位	含　义
位 19:17	EXTSEL[2:0]：选择启动规则通道组转换的外部事件(External event select for regular group)。这些位选择用于启动规则通道组转换的外部事件。 ADC1 和 ADC2 的触发配置如下： 000：定时器 1 的 CC1 事件； 100：定时器 3 的 TRGO 事件； 001：定时器 1 的 CC2 事件； 101：定时器 4 的 CC4 事件； 110：EXTI 线 11/ TIM8_TRGO 事件，仅大容量产品具有 TIM8_TRGO 功能； 010：定时器 1 的 CC3 事件； 011：定时器 2 的 CC2 事件； 111：SWSTART。 ADC3 的触发配置如下： 000：定时器 3 的 CC1 事件； 100：定时器 8 的 TRGO 事件； 001：定时器 2 的 CC3 事件； 101：定时器 5 的 CC1 事件； 010：定时器 1 的 CC3 事件； 110：定时器 5 的 CC3 事件； 011：定时器 8 的 CC1 事件； 111：SWSTART
位 16	保留。必须保持为 0
位 15	JEXTTRIG：注入通道的外部触发转换模式(External trigger conversion mode for injected channels)。该位由软件设置和清除，用于开启或禁止可以启动注入通道组转换的外部触发事件。其中： 0：不用外部事件启动转换； 1：使用外部事件启动转换
位 14:12	JEXTSEL[2:0]：选择启动注入通道组转换的外部事件(External event select for injected group)。这些位选择用于启动注入通道组转换的外部事件。 ADC1 和 ADC2 的触发配置如下： 000：定时器 1 的 TRGO 事件； 100：定时器 3 的 CC4 事件； 001：定时器 1 的 CC4 事件； 101：定时器 4 的 TRGO 事件； 110：EXTI 线 15/TIM8_CC4 事件(仅大容量产品具有 TIM8_CC4)； 010：定时器 2 的 TRGO 事件； 011：定时器 2 的 CC1 事件； 111：JSWSTART。

续表二

位	含　义
位 14:12	ADC3 的触发配置如下： 000：定时器 1 的 TRGO 事件； 100：定时器 8 的 CC4 事件； 001：定时器 1 的 CC4 事件； 101：定时器 5 的 TRGO 事件； 010：定时器 4 的 CC3 事件； 110：定时器 5 的 CC4 事件； 011：定时器 8 的 CC2 事件； 111：JSWSTART
位 11	ALIGN：数据对齐(Data alignment)。该位由软件设置和清除。其中： 0：右对齐； 1：左对齐
位 10:9	保留。必须保持为 0
位 8	DMA：直接存储器访问模式(Direct memory access mode)。该位由软件设置和清除，详见 DMA 控制器章节。其中： 0：不使用 DMA 模式； 1：使用 DMA 模式。 注：只有 ADC1 和 ADC3 能产生 DMA 请求
位 7:4	保留。必须保持为 0。
位 3	RSTCAL：复位校准(Reset calibration)。该位由软件设置并由硬件清除，在校准寄存器被初始化后该位将被清除。其中： 0：校准寄存器已初始化； 1：初始化校准寄存器。 注：如果正在进行转换时设置 RSTCAL，则清除校准寄存器需要额外的周期
位 2	CAL：A/D 校准(A/D calibration)。该位由软件设置以开始校准，并在校准结束时由硬件清除。其中： 0：校准完成； 1：开始校准
位 1	CONT：连续转换(Continuous conversion)。该位由软件设置和清除。如果设置了此位，则转换将连续进行直到该位被清除。其中： 0：单次转换模式； 1：连续转换模式
位 0	ADON：开/关 A/D 转换器(A/D converter ON/OFF)。该位由软件设置和清除。当该位为"0"时，写入"1"将把 ADC 从断电模式下唤醒；当该位为"1"时，写入"1"将启动转换。应用程序需注意，在转换器上电至转换开始有一个延迟 t_{STAB}。其中： 0：关闭 ADC 转换/校准，进入断电模式； 1：开启 ADC，并启动转换。 注：如果在这个寄存器中与 ADON 一起还有其他位被改变，则转换不被触发。这是为了防止触发错误的转换

4. ADC 采样时间寄存器 1(ADC_SMPR1)

ADC 采样时间寄存器 1 如图 6-8 所示，各位含义如表 6-5 所示。其中，地址偏移：0x0C；复位值：0x00000000。

31	30	29	28	27	26	25	24	23	22	21	20	19	18	17	16
保 留								SMP17[2:0]			SMP16[2:0]			SMP15[2:1]	
								rw	rw	rw	rw	rw	rw	rw	rw

15	14	13	12	11	10	9	8	7	6	5	4	3	2	1	0
SMP 15[0]	SMP14[2:0]			SMP13[2:0]			SMP12[2:0]			SMP11[2:0]			SMP10[2:0]		
rw	rw	rw	rw	rw	rw	rw	rw	rw	rw	rw	rw	rw	rw	rw	rw

图 6-8 ADC 采样时间寄存器 1

表 6-5 ADC 采样时间寄存器 1 各位含义

位	含 义
位 31:24	保留。必须保持为 0
位 23:0	SMPx[2:0]：选择通道 x 的采样时间(Channel x sample time selection)。这些位用于独立地选择每个通道的采样时间。在采样周期中，通道选择位必须保持不变。其中： 000：1.5 周期； 100：41.5 周期； 001：7.5 周期； 101：55.5 周期； 010：13.5 周期； 110：71.5 周期； 011：28.5 周期； 111：239.5 周期。 注：ADC1 的模拟输入通道 16 和通道 17 在芯片内部分别连接了温度传感器和 V_{REFINT}；ADC2 的模拟输入通道 16 和通道 17 在芯片内部连接了 V_{ss}。ADC3 的模拟输入通道 14、15、16、17 与 V_{ss} 相连

5. ADC 采样时间寄存器 2(ADC_SMPR2)

ADC 采样时间寄存器 2 如图 6-9 所示，各位含义如表 6-6 所示。其中，地址偏移：0x10；复位值：0x00000000。

31	30	29	28	27	26	25	24	23	22	21	20	19	18	17	16
保留		SMP9[2:0]			SMP8[2:0]			SMP7[2:0]			SMP6[2:0]			SMP5[2:1]	
		rw	rw	rw	rw	rw	rw	rw	rw	rw	rw	rw	rw	rw	rw

15	14	13	12	11	10	9	8	7	6	5	4	3	2	1	0
SMP 5[0]	SMP4[2:0]			SMP3[2:0]			SMP2[2:0]			SMP1[2:0]			SMP0[2:0]		
rw	rw	rw	rw	rw	rw	rw	rw	rw	rw	rw	rw	rw	rw	rw	rw

图 6-9 ADC 采样时间寄存器 2

表 6-6　ADC 采样时间寄存器 2 各位含义

位	含　义
位 31:30	保留。必须保持为 0
位 29:0	SMPx[2:0]：选择通道 x 的采样时间(Channel x sample time selection)。这些位用于独立地选择每个通道的采样时间。在采样周期中，通道选择位必须保持不变。其中： 000：1.5 周期； 100：41.5 周期； 001：7.5 周期； 101：55.5 周期； 010：13.5 周期； 110：71.5 周期； 011：28.5 周期； 111：239.5 周期。 注：ADC3 模拟输入通道 9 与 V_{ss} 相连

6. ADC 注入通道数据偏移寄存器 x (ADC_JOFRx)(x=1…4)

ADC 注入通道数据偏移寄存器 x 如图 6-10 所示，各位含义如表 6-7 所示。其中，地址偏移：0x14～0x20；复位值：0x00000000。

图 6-10　ADC 注入通道数据偏移寄存器 x

表 6-7　ADC 注入通道数据偏移寄存器 x 各位含义

位	含　义
位 31:12	保留。必须保持为 0
位 11:0	JOFFSETx[11:0]：注入通道 x 的数据偏移(Data offset for injected channel x)。当转换注入通道时，这些位定义了用于从原始转换数据中减去的数值。转换的结果可以在 ADC_JDRx 寄存器中读出

7. ADC 看门狗高阈值寄存器(ADC_HTR)

ADC 看门狗高阈值寄存器如图 6-11 所示，各位含义如表 6-8 所示。其中，地址偏移：0x24；复位值：0x00000000。

图 6-11　ADC 看门狗高阈值寄存器

表 6-8　ADC 看门狗高阈值寄存器各位含义

位	含　义
位 31:12	保留。必须保持为 0
位 11:0	HT[11:0]：模拟看门狗高阈值(Analog watchdog high threshold)。这些位定义了模拟看门狗的阈值高限

8. ADC 看门狗低阈值寄存器(ADC_LRT)

ADC 看门狗低阈值寄存器如图 6-12 所示，各位含义如表 6-9 所示。其中，地址偏移：0x28；复位值：0x00000000。

图 6-12　ADC 看门狗低阈值寄存器

表 6-9　ADC 看门狗低阈值寄存器各位含义

位	含　义
位 31:12	保留。必须保持为 0
位 11:0	LT[11:0]：模拟看门狗低阈值(Analog watchdog low threshold)。这些位定义了模拟看门狗的阈值低限

9. ADC 规则序列寄存器 1(ADC_SQR1)

ADC 规则序列寄存器 1 如图 6-13 所示，各位含义如表 6-10 所示。其中，地址偏移：0x2C；复位值：0x00000000。

图 6-13　ADC 规则序列寄存器 1

表 6-10　ADC 规则序列寄存器 1 各位含义

位	含　义
位 31:24	保留。必须保持为 0
位 23:20	L[3:0]：规则通道序列长度(Regular channel sequence length)。这些位由软件定义在规则通道转换序列中的通道数目。其中： 0000：1 个转换； 0001：2 个转换； … 1111：16 个转换

续表

位	含　义
位 19:15	SQ16[4:0]：规则序列中的第 16 个转换(16th conversion in regular sequence)。这些位由软件定义转换序列中的第 16 个转换通道的编号(0～17)
位 14:10	SQ15[4:0]：规则序列中的第 15 个转换(15th conversion in regular sequence)
位 9:5	SQ14[4:0]：规则序列中的第 14 个转换(14th conversion in regular sequence)
位 4:0	SQ13[4:0]：规则序列中的第 13 个转换(13th conversion in regular sequence)

10. ADC 规则序列寄存器 2(ADC_SQR2)

ADC 规则序列寄存器 2 如图 6-14 所示，各位含义如表 6-11 所示。其中，地址偏移：0x30；复位值：0x00000000。

31	30	29	28	27	26	25	24	23	22	21	20	19	18	17	16
保留		SQ12[4:0]					SQ11[4:0]					SQ10[4:1]			
		rw	rw	rw	rw	rw	rw	rw	rw	rw	rw	rw	rw	rw	rw

15	14	13	12	11	10	9	8	7	6	5	4	3	2	1	0
SQ10[0]	SQ9[4:0]					SQ8[4:0]					SQ7[4:0]				
rw	rw	rw	rw	rw	rw	rw	rw	rw	rw	rw	rw	rw	rw	rw	rw

图 6-14　ADC 规则序列寄存器 2

表 6-11　ADC 规则序列寄存器 2 各位含义

位	含　义
位 31:30	保留。必须保持为 0
位 29:25	SQ12[4:0]：规则序列中的第 12 个转换(12th conversion in regular sequence)。这些位由软件定义转换序列中的第 12 个转换通道的编号(0～17)
位 24:20	SQ11[4:0]：规则序列中的第 11 个转换(11th conversion in regular sequence)
位 19:15	SQ10[4:0]：规则序列中的第 10 个转换(10th conversion in regular sequence)
位 14:10	SQ9[4:0]：规则序列中的第 9 个转换(9th conversion in regular sequence)
位 9:5	SQ8[4:0]：规则序列中的第 8 个转换(8th conversion in regular sequence)
位 4:0	SQ7[4:0]：规则序列中的第 7 个转换(7th conversion in regular sequence)

11. ADC 规则序列寄存器 3(ADC_SQR3)

ADC 规则序列寄存器 3 如图 6-15 所示，各位含义如表 6-12 所示。其中，地址偏移：0x34；复位值：0x00000000。

31	30	29	28	27	26	25	24	23	22	21	20	19	18	17	16
保留		SQ6[4:0]					SQ5[4:0]					SQ4[4:1]			
		rw	rw	rw	rw	rw	rw	rw	rw	rw	rw	rw	rw	rw	rw

15	14	13	12	11	10	9	8	7	6	5	4	3	2	1	0
SQ4_0	SQ3[4:0]					SQ2[4:0]					SQ1[4:0]				
rw	rw	rw	rw	rw	rw	rw	rw	rw	rw	rw	rw	rw	rw	rw	rw

图 6-15　ADC 规则序列寄存器 3

表 6-12 ADC 规则序列寄存器 3 各位含义

位	含 义
位 31:30	保留。必须保持为 0
位 29:25	SQ6[4:0]：规则序列中的第 6 个转换(6th conversion in regular sequence)。这些位由软件定义转换序列中的第 6 个转换通道的编号(0~17)
位 24:20	SQ5[4:0]：规则序列中的第 5 个转换(5th conversion in regular sequence)
位 19:15	SQ4[4:0]：规则序列中的第 4 个转换(4th conversion in regular sequence)
位 14:10	SQ3[4:0]：规则序列中的第 3 个转换(3rd conversion in regular sequence)
位 9:5	SQ2[4:0]：规则序列中的第 2 个转换(2nd conversion in regular sequence)
位 4:0	SQ1[4:0]：规则序列中的第 1 个转换(1st conversion in regular sequence)

12. ADC 注入序列寄存器(ADC_JSQR)

ADC 注入序列寄存器如图 6-16 所示，各位含义如表 6-13 所示。其中，地址偏移：0x38；复位值：0x00000000。

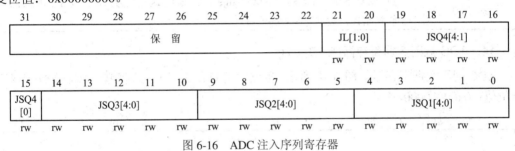

图 6-16 ADC 注入序列寄存器

表 6-13 ADC 注入序列寄存器各位含义

位	含 义
位 31:22	保留。必须保持为 0
位 21:20	JL[1:0]：注入通道序列长度(Injected sequence length)。这些位由软件定义在规则通道转换序列中的通道数目。其中： 00：1 个转换； 01：2 个转换； 10：3 个转换； 11：4 个转换
位 19:15	JSQ4[4:0]：注入序列中的第 4 个转换(4th conversion in injected sequence)。这些位由软件定义转换序列中的第 4 个转换通道的编号(0~17)。 注：不同于规则转换序列，如果 JL[1:0] 的长度小于 4，则转换的序列顺序是从 (4_JL) 开始。例如，ADC_JSQR[21:0] = 10000110001100111000010，意味着扫描转换将按通道顺序 7、2、3 转换，而不是 2、7、3。
位 14:10	JSQ3[4:0]：注入序列中的第 3 个转换(3rd conversion in injected sequence)
位 9:5	JSQ2[4:0]：注入序列中的第 2 个转换(2nd conversion in injected sequence)
位 4:0	JSQ1[4:0]：注入序列中的第 1 个转换(1st conversion in injected sequence)

13. ADC 注入数据寄存器 x (ADC_JDRx) (x = 1…4)

ADC 注入数据寄存器 x 如图 6-17 所示，各位含义如表 6-14 所示。其中，地址偏移：0x3C～0x48；复位值：0x00000000。

31	30	29	28	27	26	25	24	23	22	21	20	19	18	17	16
							保留								

15	14	13	12	11	10	9	8	7	6	5	4	3	2	1	0
							JDATA[15:0]								
r	r	r	r	r	r	r	r	r	r	r	r	r	r	r	r

图 6-17　ADC 注入数据寄存器 x

表 6-14　ADC 注入数据寄存器 x 各位含义

位	含　义
位 31:22	保留。必须保持为 0
位 15:0	JDATA[15:0]：注入转换的数据(Injected data)。这些位为只读，包含了注入通道的转换结果，数据是左对齐或右对齐

14. ADC 规则数据寄存器(ADC_DR)

ADC 规则数据寄存器如图 6-18 所示，各位含义如表 6-15 所示。其中，地址偏移：0x4C；复位值：0x00000000。

31	30	29	28	27	26	25	24	23	22	21	20	19	18	17	16
							ADC2DATA[15:0]								
r	r	r	r	r	r	r	r	r	r	r	r	r	r	r	r

15	14	13	12	11	10	9	8	7	6	5	4	3	2	1	0
							DATA[15:0]								
r	r	r	r	r	r	r	r	r	r	r	r	r	r	r	r

图 6-18　ADC 规则数据寄存器

表 6-15　ADC 规则数据寄存器各位含义

位	含　义
位 31:16	ADC2DATA[15:0]：ADC2 转换的数据(ADC2 data)。 在 ADC1 中：双模式下，这些位包含了 ADC2 转换的规则通道数据。 在 ADC2 和 ADC3 中：不使用这些位
位 15:0	DATA[15:0]：规则转换的数据(Regular data)。这些位为只读，包含了规则通道的转换结果，数据是左对齐或右对齐

6.3　库函数说明

库函数(Library function)是把函数放到库里，供别人使用的一种方式。方法是把一些常用的函数放到一个文件里(一般是放到 lib 文件里)，供不同的用户进行调用。调用时把函数

所在的文件名加到 "#include《》" 里即可。下面介绍一些常用的函数及其功能。

(1) ADC_DeInit 函数的功能：将外设 ADCx 的全部寄存器重设为默认值。如：

　　ADC_DeInit(ADC2);

(2) ADC_Init 函数的功能：根据 ADC_InitStruct 中指定的参数，初始化外设 ADCx 的寄存器。其中，ADC_InitTypeDef 定义在 stm32f10x_adc.h 中，其结构体如下：

　　typedef struct

　　{

　　　　u32 ADC_Mode；//可以设置 ADC_Mode

　　　　FunctionalState ADC_ScanConvMode；

　　　　//规定了模数转换工作在扫描模式还是单次模式，参数可以是 ENABLE 和 DISABLE

　　　　FunctionalState ADC_ContinuousConvMode；

　　　　//规定了模数转换工作在连续模式还是单次模式，参数可以是 ENABLE 和 DISABLE

　　　　u32 ADC_ExternalTrigConv；//定义了使用外部触发来启动规则通道的模数转换

　　　　u32 ADC_DataAlign；//规定了 ADC 数据向左边对齐还是向右边对齐。参数可以是 right 和 left

　　　　u8 ADC_NbrOfChannel；//规定了顺序进行规则转换的 ADC 通道的数目。参数可以是 1～16

　　} ADC_InitTypeDef;

例如，初始化 ADC1(可以按照实际需要来初始化)，代码如下：

　　ADC_InitTypeDef　ADC_InitStructure；

　　ADC_InitStructure.ADC_Mode = ADC_Mode_Independent；

　　ADC_InitStructure.ADC_ScanConvMode = ENABLE；

　　ADC_InitStructure.ADC_ContinuousConvMode = DISABLE；

　　ADC_InitStructure.ADC_ExternalTrigconv = ADC_ExternalTrigconv_T1_CC1；

　　ADC_InitStructure.ADC_Data_Align = ADC_DataAlign_RIGHT；

　　ADC_InitStructure.ADC_NbrOfChannel = 16；

　　ADC_Init(ADC1,&ADC_InitStructure);

(3) ADC_Cmd 函数的功能：使能或失能指定的 ADC。ADC_Cmd 只能在其他 ADC 设置函数之后被调用。如：

　　ADC_Cmd(ADC1, ENABLE);

(4) ADC_DMACmd 函数的功能：使能或者失能指定的 ADC 的 DMA 请求。如：

　　ADC_DMACmd(ADC1, ENABLE);

(5) ADC_ITConfig 函数的功能：使能或者失能指定的 ADC 的中断，可以是 EOC/AWD/JEOC。如：

　　ADC_ITConfig(ADC2,ADC_IT_EOC|ADC_IT_AWD);

(6) ADC_ResetCalibration 函数的功能：重置指定的 ADC 的校准寄存器。如：

　　ADC_ResetCalibration(ADC1);

(7) ADC_GetResetCalibrationStatus 函数的功能：获取 ADC 重置校准寄存器的状态。如：

　　FlagStatus Status；

　　Status = ADC_GetResetCalibrationStatus(ADC2);

(8) ADC_StartCalibration 函数的功能：开始指定 ADC 的校准。如：

```
ADC_StartCalibration(ADC2);
```

(9) ADC_GetCalibrationStatus 函数的功能：获取 ADC 的校准状态。该函数具有返回值。如：

```
FlagStatus Status;

Status = ADC_GetCalibrationStatus(ADC2);
```

(10) ADC_SoftwareStartConvCmd 函数的功能：使能或者失能指定的 ADC 的软件启动功能。如：

```
ADC_SoftwareStartConvCmd(ADC1, ENABLE);
```

(11) ADC_DiscModeChannelCountConfig 函数的功能：对 ADC 规则通道配置间断模式。其中，参数可以是 1～8。如：

```
ADC_DiscModeChannelCountConfig(ADC1, 2);
```

(12) ADC_DiscModeCmd 函数的功能：使能或者失能指定的 ADC 规则组通道的间断模式。如：

```
ADC_DiscModeCmd(ADC1, ENABLE);
```

(13) ADC_RegularChannelConfig 函数的功能：设置 ADC 的规则组通道，设置它们的转化顺序和采样时间。其中，参数 ADC_Channel 指定了通过本函数来设置的 ADC 通道，可以是 0～17；ADC_SampleTime 设置了选中通道的 ADC 采样时间。如：

```
ADC_RegularChannelConfig(ADC2, ADC_Channel_2,1, ADC_SampleTime_1Cycles5);
```

(14) ADC_ExternalTrigConvConfig 函数的功能：使能或者失能 ADCx 外部触发启动转换功能。如：

```
ADC_ExternalTrigConvConfig(ADC2, ENABLE);
```

(15) ADC_GetConversionValue 函数的功能：返回最近一次 ADCx 规则组的转换结果。如：

```
u16 DataValue;

DataValue = ADC_GetConversionValue(ADC2);
```

(16) ADC_GetDuelModeConversionValue 函数的功能：返回最近一次双 ADC 模式下的转换结果。如：

```
u32 DataValue;

DataValue = ADC_GetDuelModeConversionValue();
```

(17) ADC_AutoInjectedConvCmd 函数的功能：使能或者失能指定 ADC 在规则组转化后自动开始注入组转换。如：

```
ADC_AutoInjectedConvCmd(ADC2, ENABLE);
```

(18) ADC_InjectedDiscModeCmd 函数的功能：使能或者失能指定的 ADC 注入组间断模式。如：

```
ADC_InjectedDiscModeCmd(ADC2, ENABLE);
```

(19) ADC_ExternalITrigInjectedConvConfig 函数的功能：配置 ADCx 外部触发启动注入组转换功能。其中，参数 ADC_ExternalITrigConv_IT 可以取多种启动触发模式。例如用定时器 1 的捕获比较 4 触发 ADC1 注入组转换功能：

```
ADC_ExternalITrigInjectedConvConfig(ADC1, ADC_ExternalITrigConv_IT_CC4);
```

(20) ADC_ExternalITrigInjectedConvCmd 函数的功能：配置注入通道外部触发启动注入组转换功能。如：

ADC_ExternalITrigInjectedConvCmd(ADC2, ENABLE);

(21) ADC_SoftwareStartInjectedConvCmd 函数的功能：使能或者失能 ADCx 软件启动注入组转换功能。如：

ADC_SoftwareStartInjectedConvCmd(ADC2, ENABLE);

(22) ADC_GetSoftwareStartInjectedConvStatus 函数的功能：获取指定 ADC 的软件启动注入组转换状态，返回一个 ADC 软件触发启动注入转换的新状态。如：

FlagStatus Status；

Status = ADC_GetSoftwareStartInjectedConvStatus(ADC2);

(23) ADC_InjectedChannelConfig 函数的功能：设置指定 ADC 的注入组通道，设置它们的转化顺序和采样时间。但先决条件是必须调用函数 ADC_InjectedSequencerLengthConfig 来确定注入转换通道的数目，特别是在通道数目小于 4 的情况下，先正确配置每一个通道的转化顺序。例如配置 ADC1 第 12 通道采样周期 28.5，第二个开始转换，代码如下：

ADC_InjectedChannelConfig(ADC1, ADC_Channel_12,2,ADC_SampleTime_28Cycles5);

(24) ADC_InjectedSequenceLengthConfig 函数的功能：设置注入组通道的转换序列长度，且序列长度的取值范围是 1～4。如：

ADC_InjectedSequenceLengthConfig(ADC1,1);

(25) ADC_SetInjectedOffset 函数的功能：设置注入组通道的转换偏移值。选择注入通道可以是 1～4，偏移量是 16 位值。如：

ADC_SetInjectedOffset(ADC_InjectedChannel_1, 0x100);

(26) ADC_GetInjectedConversionValue 函数的功能：返回 ADC 指定注入通道的转换结果。如：

u16 InjectedConversionValue；

InjectedConversionValue = ADC_GetInjectedConversionValue(ADC1,ADC_InjectedChannel_1);

(27) ADC_TampSensorVrefintCmd 函数的功能：使能或者失能温度传感器和内部参考电压通道。如：

ADC_TempSensorVrefintCmd(ENABLE);

(28) ADC_GetFlagStatus 函数的功能：检查指定的 ADC 标志位是否置 1，且返回一个新的 ADC_FLAG 值。其中，指定标志位可以取 5 种值。如：

FlagStatus Status；

FlagStatus = ADC_GetFlagStatus(ADC1, ADC_FLAG_AWD);

(29) ADC_ClearFlag 函数的功能：清除 ADCx 待处理的标志位。在使用本函数之前，应先调用 ADC_GetFlagStatus 函数。如：

ADC_ClearFlag(ADC2, ADC_FLAG_AWD);

6.4 应 用 实 例

用 ADC 连续采集 11 路模拟信号，并由 DMA 传输到内存。ADC 配置为扫描并且连续转换模式，ADC 的时钟配置为 12 MHz。每次转换结束后，由 DMA 循环将转换的数据传输到内存中。ADC 可以连续采集 N 次求平均值。最后通过串口传输最后转换的结果。

程序如下：

```c
#include "stm32f10x.h"          //该头文件包括 stm32f10x 所有外围寄存器、位、内存映射的定义
#include "eval.h"               //头文件(包括串口、按键、LED 的函数声明)
#include "SysTickDelay.h"
#include "USART_INTERFACE.h"
#define N 50                    //每通道采集 50 次
#define M 12                    //为 12 个通道
vu16 AD_Value[N][M];            //用来存放 ADC 的转换结果，也是 DMA 的目标地址
vu16 After_filter[M];           //用来存放求平均值之后的结果
int i;
void GPIO_Configuration(void)
{
    GPIO_InitTypeDef GPIO_InitStructure；
    GPIO_InitStructure.GPIO_Pin=GPIO_Pin_9；
    GPIO_InitStructure.GPIO_Mode = GPIO_Mode_AF_PP；
    //因为 USART1 引脚是以复用的形式接到 GPIO 口上的，所以使用复用推挽式输出
    GPIO_InitStructure.GPIO_Speed = GPIO_Speed_50MHz；
    GPIO_Init(GPIOA, &GPIO_InitStructure)；
    GPIO_InitStructure.GPIO_Pin = GPIO_Pin_10；
    GPIO_InitStructure.GPIO_Mode = GPIO_Mode_IN_FLOATING；
    GPIO_Init(GPIOA, &GPIO_InitStructure)；
    //PA0/1/2 作为模拟通道输入引脚
    GPIO_InitStructure.GPIO_Pin = GPIO_Pin_0 | GPIO_Pin_1 | GPIO_Pin_2 | GPIO_Pin_3；
    GPIO_InitStructure.GPIO_Mode = GPIO_Mode_AIN；        //模拟输入引脚
    GPIO_Init(GPIOA,&GPIO_InitStructure)；
    //PB0/1 作为模拟通道输入引脚
    GPIO_InitStructure.GPIO_Pin = GPIO_Pin_0 | GPIO_Pin_1；
    GPIO_InitStructure.GPIO_Mode = GPIO_Mode_AIN；        //模拟输入引脚
    GPIO_Init(GPIOB, &GPIO_InitStructure)；
    //PC0/1/2/3/4/5 作为模拟通道输入引脚
    GPIO_InitStructure.GPIO_Pin=GPIO_Pin_0|GPIO_Pin_1 | GPIO_Pin_2 | GPIO_Pin_3 | GPIO_
Pin_4 | GPIO_Pin_5；
    GPIO_InitStructure.GPIO_Mode = GPIO_Mode_AIN；        //模拟输入引脚
    GPIO_Init(GPIOC, &GPIO_InitStructure)；
}
void RCC_Configuration(void)
{
```

```
    ErrorStatus HSEStartUpStatus;
    RCC_DeInit();                                              //RCC 系统复位
    RCC_HSEConfig(RCC_HSE_ON);                                 //开启 HSE
    HSEStartUpStatus = RCC_WaitForHSEStartUp();                //等待 HSE 准备好
    if (HSEStartUpStatus == SUCCESS)
    {
        FLASH_PrefetchBufferCmd(FLASH_PrefetchBuffer_Enable);   //使能 PrefetchBuffer
        FLASH_SetLatency(FLASH_Latency_2);                      //设置延时周期
        RCC_HCLKConfig(RCC_SYSCLK_Div1);                        //设置 AHB 时钟
        RCC_PCLK2Config(RCC_HCLK_Div1);                         //设置 APB2 时钟
        RCC_PCLK1Config(RCC_HCLK_Div2);                         //设置 APB1 时钟
        RCC_PLLConfig(RCC_PLLSource_HSE_Div1,RCC_PLLMul_6);
                                                        //PLLCLK = 12 MHz × 6 = 72 MHz
        RCC_PLLCmd(ENABLE);                                     //使能 PLL
        while (RCC_GetFlagStatus(RCC_FLAG_PLLRDY) == RESET);    //等待 PLL
        RCC_SYSCLKConfig(RCC_SYSCLKSource_PLLCLK);              //选择 PLL
        while (RCC_GetSYSCLKSource() != 0x08);                  //等待 PLL
        //使能 ADC1 通道时钟、各个引脚时钟
        RCC_APB2PeriphClockCmd(RCC_APB2Periph_GPIOA|RCC_APB2Periph_GPIOB|RCC_
APB2Periph_GPIOC|RCC_APB2Periph_ADC1|RCC_APB2Periph_AFIO|RCC_APB2Periph_USAR
T1, ENABLE);
        RCC_ADCCLKConfig(RCC_PCLK2_Div6);
        //72 MHz/6=12 MHz，ADC 最大时间不能超过 14 MHz
        RCC_AHBPeriphClockCmd(RCC_AHBPeriph_DMA1, ENABLE);       //使能 DMA 传输
    }
}
void ADC1_Configuration(void)
{
    ADC_InitTypeDef    ADC_InitStructure;
    ADC_DeInit(ADC1);     //将外设 ADC1 的全部寄存器重设为缺省值
    //ADC 工作模式：ADC1 和 ADC2 工作在独立模式
    ADC_InitStructure.ADC_Mode = ADC_Mode_Independent;
    ADC_InitStructure.ADC_ScanConvMode = ENABLE;                //模数转换工作在扫描模式
    ADC_InitStructure.ADC_ContinuousConvMode = ENABLE;          //模数转换工作在连续转换模式
    ADC_InitStructure.ADC_ExternalTrigConv = ADC_ExternalTrigConv_None; //外部触发转换关闭
    ADC_InitStructure.ADC_DataAlign = ADC_DataAlign_Right;      //ADC 数据右对齐
    ADC_InitStructure.ADC_NbrOfChannel = M;                     //顺序进行规则转换的 ADC 通道的数目
    ADC_Init(ADC1, &ADC_InitStructure);
    //根据 ADC_InitStructure 中指定的参数初始化外设 ADC1 的寄存器
```

```
//设置指定 ADC 的规则组通道，设置它们的转化顺序和采样时间
ADC_RegularChannelConfig(ADC1, ADC_Channel_0, 1,ADC_SampleTime_239Cycles5 );
ADC_RegularChannelConfig(ADC1, ADC_Channel_1, 2, ADC_SampleTime_239Cycles5 );
ADC_RegularChannelConfig(ADC1, ADC_Channel_2, 3, ADC_SampleTime_239Cycles5 );
ADC_RegularChannelConfig(ADC1, ADC_Channel_3, 4, ADC_SampleTime_239Cycles5 );
ADC_RegularChannelConfig(ADC1, ADC_Channel_8, 5,ADC_SampleTime_239Cycles5 );
ADC_RegularChannelConfig(ADC1, ADC_Channel_9, 6, ADC_SampleTime_239Cycles5 );
ADC_RegularChannelConfig(ADC1,ADC_Channel_10,7, ADC_SampleTime_239Cycles5 );
ADC_RegularChannelConfig(ADC1,ADC_Channel_11,8, ADC_SampleTime_239Cycles5 );
ADC_RegularChannelConfig(ADC1,ADC_Channel_12,9, ADC_SampleTime_239Cycles5 );
ADC_RegularChannelConfig(ADC1,ADC_Channel_13,10,ADC_SampleTime_239Cycles5 ;
ADC_RegularChannelConfig(ADC1,ADC_Channel_14,11,ADC_SampleTime_239Cycles5 ;
ADC_RegularChannelConfig(ADC1,ADC_Channel_15,12,ADC_SampleTime_239Cycles5 ;
//开启 ADC 的 DMA 支持(要实现 DMA 功能，还需独立配置 DMA 通道等参数)
ADC_DMACmd(ADC1, ENABLE);
ADC_Cmd(ADC1, ENABLE);              //使能指定的 ADC1
ADC_ResetCalibration(ADC1);          //复位指定的 ADC1 的校准寄存器
while (ADC_GetResetCalibrationStatus(ADC1));
//获取 ADC1 复位校准寄存器的状态，等待复位完成
ADC_StartCalibration(ADC1);          //开始指定 ADC1 的校准状态
while (ADC_GetCalibrationStatus(ADC1));    //获取指定的 ADC1 的校准程序，设置状态
}
void DMA_Configuration(void)
{
//DMA 通道 1 配置
//恢复默认值
DMA_DeInit(DMA1_Channel1);     //将 DMA 的通道 1 寄存器重设为默认值
DMA_InitStructure.DMA_PeripheralBaseAddr = (u32)&ADC1->DR; //DMA 外设 ADC 基地址
DMA_InitStructure.DMA_MemoryBaseAddr = (u32)&AD_Value;     //DMA 内存基地址
DMA_InitStructure.DMA_DIR = DMA_DIR_PeripheralSRC;      //内存作为数据传输的目的地
DMA_InitStructure.DMA_BufferSize = N*M;     //DMA 通道的 DMA 缓存的大小
DMA_InitStructure.DMA_PeripheralInc = DMA_PeripheralInc_Disable; //外设地址寄存器不变
DMA_InitStructure.DMA_MemoryInc = DMA_MemoryInc_Enable;   //内存地址寄存器递增
DMA_InitStructure.DMA_PeripheralDataSize = DMA_PeripheralDataSize_HalfWord;
//数据宽度为 16 位
DMA_InitStructure.DMA_MemoryDataSize = DMA_MemoryDataSize_HalfWord;
//数据宽度为 16 位
DMA_InitStructure.DMA_Mode = DMA_Mode_Circular;        //工作在循环缓存模式
DMA_InitStructure.DMA_Priority = DMA_Priority_High;        //DMA 通道 x 拥有高优先级
```

```
    DMA_InitStructure.DMA_M2M = DMA_M2M_Disable；
    //DMA 通道 x 没有设置为内存到内存传输
    DMA_Init(DMA1_Channel1, &DMA_InitStructure)；
    //根据 DMA_InitStructure 中指定的参数初始化 DMA 的通道
}
//配置所有外设
void Init_All_Periph(void)
{
    RCC_Configuration()；
    GPIO_Configuration()；
    ADC1_Configuration()；
    DMA_Configuration()；
    //USART1_Configuration()；
    USART_Configuration(9600)；
}
u16 GetVolt(u16 advalue)
{
    return (u16)(advalue * 330 / 4096)；        //结果扩大了 100 倍，方便下面求出小数
}
void filter(void)
{
    int sum = 0；
    u8 count；
    for(i=0；i<12；i++)
    {
        for (count=0；count<N；count++)
        {
            sum += AD_Value[count][i]；
        }
        After_filter[i] = sum/N；
        sum = 0；
    }
}
int main(void)
{
    u16 value[M]；
    init_All_Periph()；
    SysTick_Initaize()；
    ADC_SoftwareStartConvCmd(ADC1, ENABLE)；
```

```
DMA_Cmd(DMA1_Channel1, ENABLE);    //启动 DMA 通道
while (1)
{
    //等待传输完成，否则第一位数据容易丢失
    while (USART_GetFlagStatus(USART1,USART_FLAG_TXE)==RESET);
    filter();
    for (i = 0;  i<12;  i++)
    {
        value[i] = GetVolt(After_filter[i]);
        printf("value[%d]:\t%d.%dv\n", i, value[i]/100, value[i]0);
        delay_ms(100);
    }
}
}
```

本 章 小 结

　　本章首先概述了 STM32 的模数转换器 ADC，然后介绍了其结构、功能和寄存器，并对库函数进行了说明，最后通过一个实例说明了模数转换器 ADC 的应用。

第 7 章　直接存储器存取

7.1　DMA 概述

直接存储器存取((Direct Memory Access，DMA)用来提供外设和存储器之间或者存储器与存储器之间的批量数据传输。DMA 传送过程中无需 CPU 干预，数据可以通过 DMA 快速地传送，从而节省了 CPU 的资源。

存储器直接访问是一种高速的数据传输操作，它允许在外部设备和存储器之间利用系统总线直接读/写数据，既不通过微处理器，也不需要微处理器干预，整个数据传输操作在 DMA 控制器的控制下进行。微处理器除了在数据传输开始和结束时进行控制外，在传输过程中可以进行其他的工作。DMA 的另一个特点是"分散—收集"，它允许在一次单一的 DMA 处理中传输大量数据到存储区域。

DMA 方式可以形象地理解为：微机系统是个公司，其中微处理器(CPU)是经理，外设是员工，内存是仓库，数据就是仓库里存放的物品。公司规模较小时，经理直接管理仓库里的物品，员工若需要使用物品，直接告诉经理，并由经理去仓库取(MOV)。员工若采购了物品，也先交给经理，由经理将物品放进仓库(MOV)。公司规模较小时，经理顾得上这些事情，但当公司规模变大了，会有越来越多的员工(外设)和物品(数据)。此时若经理的大部分时间还处理这些事情，就很少有时间做其他事情。于是经理雇佣了一个仓库保管员，专门负责"入库"和"出库"，经理只告诉保管员去哪个区域(源地址)要哪种类型的物品(数据类型)、数量多少(数据长度)、送到哪里去(目标地址)等信息，其他事情不再参与；然后保管员完成任务回来，打断正在做其他事情的经理(中断)并告诉他完成情况，或者不打断经理的工作而只是把完成任务牌(标志位)挂到经理面前即可，这个仓库保管员就是 DMA 控制器。在 PC 中，硬盘工作在 DMA 下，CPU 只需向 DMA 控制器下达指令，让 DMA 控制器来处理数据的传送，数据传送完毕再把信息反馈给 CPU，这样在很大程度上减轻了 CPU 的资源占有率。

现在的手机大都具有照相功能，也可以摄制一些视频短片，只要手机工作到照相机模式，就会将摄像头的实时画面显示在屏幕上。如果没有 DMA 功能，只能是编写程序从摄像头(CMOS 传感器)将实时画面的图像数据取回，然后将这些数据通过 LCD 显示。图像数据从 CMOS 传感器搬运到 LCD 的工作需要由程序来完成，假设每次搬运一个点的颜色数据，要完成 QVGA/30 帧的效果，则需要搬运 2 304 000($320 \times 240 \times 30$)个点。完成一个点的数据搬运需要微处理器至少做的工作有：① 依据当前点位置判断是否向 CMOS 传感器给出行场同步脉冲信号；② 向 CMOS 传感器给出时钟脉冲信号；③ 读当前点的颜色数据；④ 依据当前点位置判断是否向 LCD 给出行场同步脉冲信号；⑤ 向 LCD 给出时钟脉冲信号；⑥ 写当前点颜色数据到 LCD；⑦ 更新下一点继续循环。假设每一步平均需要 2 条指令，一个点就会耗费 14 条指令，完成实时图像数据的搬运每秒需要执行 3.2256×10^7 (2304000×14)条指令(实际情况比这个数值更大)，无疑占用了太多的微处理器资源。

而 DMA 功能会将每秒 3.2256×10^7 条指令全部省掉。这类手机为了支持 CMOS 传感器和 LCD，芯片会提供专用接口，该接口能自动完成同步信号和时钟信号的处理，同时将输入数据写进指定位置，或者从指定位置读出并输出。只要程序通过微处理器设定好 CMOS 传感器和 LCD 的工作参数，让摄像头和屏幕工作起来，这些参数包含有 CMOS 传感器和 LCD 设定数据缓冲区的起始地址、图像的宽和高，以及图像的颜色深度等信息。有了这些设定，当 CMOS 传感器开始工作时，硬件会自动将数据填入所设定的数据缓冲区地址中，LCD 对应数据缓冲区的数据则会由硬件自动读出并输出给 LCD 液晶屏。只要二者参数相互适应且数据缓冲区地址相同，CMOS 传感器的实时画面就可以不受微处理器干预而自动在屏幕上显示出来。

DMA 传输有以下 3 个要素：

(1) 传输源：DMA 控制器从传输源读出数据。

(2) 传输目标：数据传输的目标地址。

(3) 触发信号：用于触发一次数据传输的动作，执行一个单位的传输源至传输目标的数据传输；可用于控制传输的时机。

一个完整的 DMA 传输过程如图 7-1 所示。具体过程如下：

(1) I/O 准备好后，向 DMAC 发出 DMA 请求信号(DMARQ)。

(2) DMAC 向微处理器发出总线请求信号(BUSRQ)。

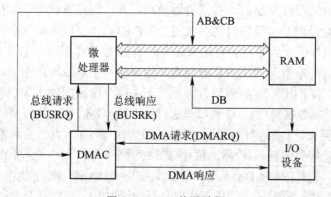

图 7-1 DMA 传送过程

(3) 按照预定的 DMAC 占用总线方式，微处理器响应 BUSRQ，向 DMAC 发出 BUSRK。从这时起，微处理器交出总线控制权，而由 DMAC 接管，开始进入 DMA 有效周期，如图 7-1 中阴影部分所示。

(4) DMAC 接管总线后，先向 I/O 设备发出 DMA 请求的响应信号 DMAC(相当于设备选择信号，表示允许外设进行 DMA 传送)；然后按事先设置的初始地址和需要传送的字节数，依次发送地址和寄存器或 I/O 读/写命令，使得 RAM 和 I/O 设备之间直接交换数据，直至全部数据传送完毕。

(5) DMA 传送结束后，自动撤销向微处理器总线请求信号 BUSRQ，从而使总线响应信号 BUSRK，DMA 响应信号 DACK 也相继变为无效，微处理器又重新控制总线，恢复正常工作。若需要，DMAC 还可用"计数到"信号引发一个中断请求，由微处理器以中断服务形式进行 DMA 传送结束后的有关处理。

由此可见，DMA 传输方式无须微处理器直接控制传输，也没有像中断处理方式那样有保留现场和恢复现场的过程，而是通过硬件为 RAM 与 I/O 设备开辟了一条直接传送数据的通路，使微处理器的效率大为提高。在前面的比喻中，一个仓库保管员也可以管理多个仓库，即 DMA 可以有多个通道。

DMA 传送方式的优先级高于程序中断，二者的主要区别是对微处理器的干扰程度不同。中断请求并不会使微处理器停下来，而是要求微处理器转去执行中断服务程序，这个请求包括了对断点和现场的处理，以及微处理器和外设的传送，所以微处理器资源消耗很大；DMA 请求仅使微处理器暂停一下，不需要对断点和现场进行处理，并且由 DMA 控制外设与主存之间的数据传送，不需要微处理器干预，DMA 只是借用了很短的微处理器时间而已。另一个区别是微处理器对这两个请求的响应时间不同，对中断请求一般都在执行完一条指令的时钟周期末尾处响应；而对 DMA 请求，由于考虑它的高效性，微处理器在每条指令执行的各个阶段中都可以让给 DMA 使用。

在监控系统中，往往需要对 ADC 采集到的一批数据进行滤波处理(如中值滤波)。ADC 先高速采集，通过 DMA 把数据填充到 RAM 中，填充到一定数量后，再传给微控制器使用。

DMA 允许外设直接访问内存，从而形成对总线的独占，这是 DMA 技术的缺点。如果 DMA 传输数据量大，会造成中断延时过长，在一些实时性强(硬实时)的嵌入式系统中这是不允许的。

7.2 DMA 的结构和功能

7.2.1 DMA 的功能

STM32 的两个 DMA 控制器有 12 个通道(DMA1 有 7 个通道，DMA2 有 5 个通道)，每个通道专门用来管理来自于一个或多个外设对存储器访问的请求，还有一个仲裁器用于协调各个 DMA 请求的优先权。

STM32 DMA 的基本功能如下：

(1) 7 个可配置的独立通道。

(2) 每个通道都可以硬件请求或软件触发，这些功能及传输的长度、传输的源地址和目标地址都可以通过软件来配置。

(3) 在 7 个请求之间的优先权可以通过软件编程设置(分为 4 级，即很高、高、中等和低)。在优先权相等时，由硬件决定谁更优先(请求 0 优先于请求 1，依次类推)。

(4) 每个通道有 3 个事件标志(DMA 半传输、DMA 传输完成和 DMA 传输出错)，这 3 个事件标志通过逻辑"或"形成一个单独的中断请求。

(5) 独立的源和目标数据区的传输宽度(8 位字节、16 位半字、32 位全字)；源地址和目标地址按数据传输宽度对齐；支持循环的缓冲器管理。

(6) 最大可编程数据传输数量为 65 536。

(7) STM32 DMA 的传输区域有：外设到存储器(I^2C/USART 等获取数据并送入 SRAM)；SRAM 的两个区域之间；存储器到外设(如将 SRAM 中预先保存的数据送入 DAC 产生各种波形)；外设到外设(如从 ADC 读取数据后送到 TIM1 控制其产生不同的 PWM 占空比)。

STM32 的每次 DMA 传送由以下 3 个操作组成。

(1) 取数据。从外设数据寄存器或当前外设/存储器地址寄存器指示的存储器地址取数据，第 1 次传输时的开始地址是 DMA_CPARx 或 DMA_CMARx 寄存器指定的外设基地址或存储器单元。

(2) 存数据。存储数据到外设数据寄存器或当前外设/存储器地址寄存器指示的存储器地址，第 1 次传输时的开始地址是 DMA_CPARx 或 DMA_CMARx 寄存器指定的外设基地址或存储器单元。

(3) 修改源或目的指针。执行一次 DMA_CNDTRx 寄存器的递减操作，该寄存器包含未完成的操作数目。

总之，编写 DMA 程序主要包括确定数据来源、确定数据目的地、选择使用通道、设定传输数据量、设定数据传递模式等。

需要说明的是，DMA 控制器执行直接存储器数据传输时和 Cortex-M3 核共享系统数据线。因此一个 DMA 请求使得 CPU 停止访问系统总线的时间至少为 2 个周期。为了保证 Cortex-M3 核的代码执行的最小带宽，在 2 个连续的 DMA 请求之间，DMA 控制器必须至少释放系统总线 1 个周期。

每个 DMA 通道都可以在 DMA 传输过半、传输完成和传输错误时产生中断，如表 7-1 所示。为了应用的灵活性，可以通过设置寄存器的不同位来打开这些中断。每个通道都有 3 个事件标志(DMA 半传输、DMA 传输完成和 DMA 传输出错)，这 3 个事件标志逻辑或成为一个单独的中断请求。

表 7-1　DMA 中断请求

中断事件	事件标志位	使能控制位
传输过半	HTIF	HTIE
传输完成	TCIF	TCIE
传输错误	TEIF	TEIE

7.2.2　DMA 的结构

STM32 芯片的 DMA 结构框图如图 7-2 所示。从图中可以看出，STM32 有两个 DMA 控制器，DMA1 有 7 个通道，DMA2 有 5 个通道。其中，DMA2 控制器及相关请求仅存在于大容量的 F103 和互联型 F105、F107 中。中小容量的 F103 系列只有 DMA1。DMA1 控制器的 7 个通道如图 7-2 所示。从外设 TIMx(x=1、2、3、4)、ADC1、SPI1、SPI/I2S2、I^2Cx(x=1、2)和 USARTx(x=1、2、3)产生的 7 个请求，通过逻辑或输入到 DMA1 控制器，这意味着同时只能有一个请求有效。外设的 DMA 请求可以通过设置相应外设寄存器中的 DMA 控制位，被独立地开启或关闭。表 7-2 是各个通道的 DMA1 请求。

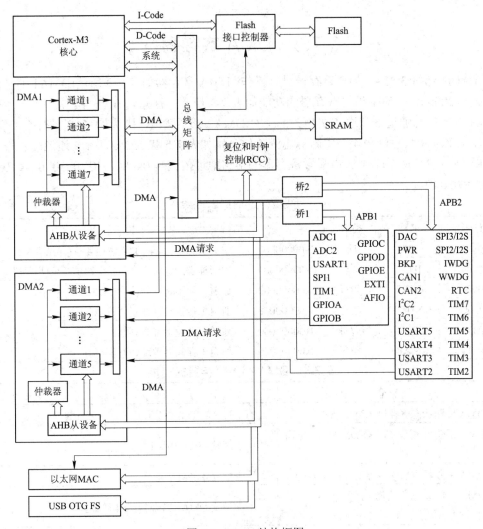

图 7-2 DMA 结构框图

表 7-2 各个通道的 DMA1 请求

外设	通道 1	通道 2	通道 3	通道 4	通道 5	通道 6	通道 7
ADC1	ADC1						
SPI/I2S		SPI1_RX	SPI1_TX	SPI/I2S2_RX	SPI/I2S2_TX		
USART		USART3_TX	USART3_RX	USART1_TX	USART1_RX	USART2_RX	USART2_TX
I^2C				I^2C2_TX	I^2C2_RX	I^2C1_TX	I^2C1_RX
TIM1		TIM1_CH1	TIM1_CH2	TIM1_TX4 TIM1_TRIG TIM1_COM	TIM1_UP	TIM1_CH3	
TIM2	TIM2_CH3	TIM2_UP			TIM2_CH1		TIM2_CH2 TIM2_CH4
TIM3		TIM3_CH3	TIM3_CH4 TIM3_UP			TIM3_CH1 TIM3_TRIG	
TIM4	TIM4_CH1			TIM4_CH2	TIM4_CH3		TIM4_UP

7.3 DMA 寄存器

DMA1 通过 30(2+4×7)个寄存器进行操作，DMA 寄存器如表 7-3 所示(DMA1 的基地址是 0x40020000)。DMA 相关寄存器的功能如表 7-4 所示。注意，在表 7-4 中列举的所有寄存器中，所有与通道 6 和通道 7 相关的位对 DMA2 都不适用，因为 DMA2 只有 5 个通道。其中，4 个中断状态位和 4 个中断标志清除位分别如表 7-5 和表 7-6 所示，通道配置寄存器(CCRx)如表 7-7 所示(7 个通道配置寄存器的偏移地址依次是 0x08、0x1C、0x30、0x44、0x58、0x6C 和 0x80)。

表 7-3 DMA 寄存器

偏移地址	名称	类型	复位值	说　明
0x00	ISR	读	0x00000000	中断状态寄存器：1 个通道 4 位(详见表 7-5)
0x04	IFCR	读/写	0x00000000	中断标志清除寄存器：1 个通道 4 位(详见表 7-6)
0x08	CCR1	读/写	0x00000000	通道 1 配置寄存器(详见表 7-7)
0x0C	CNDTR1	读/写	0x00000000	通道 1 传输数据数量寄存器(16 位)
0x10	CPAR1	读/写	0x00000000	通道 1 外设地址寄存器
0x14	CMAR1	读/写	0x00000000	通道 1 存储器地址寄存器

表 7-4 DMA 相关寄存器的功能

寄存器	功　能
DMA 中断状态寄存器(DMA_ISR)	用于反映各 DMA 通道是否产生了中断
DMA 通道 x 配置寄存器(DMA_CCRx, x=1，2，…，7)	用于清除 DMA 中断标志
DMA 中断标志清除寄存器(DMA_IFCR)	用于配置各 DMA 通道
DMA 通道 x 存储器地址存储器(DMA_CMARx, x=1，2，…，7)	用于设置 DMA 传输时存储器的地址
DMA 通道 x 传输数量寄存器(DMA_CNDTRx, x=1，2，…，7)	用于设置各通道的传输数据量，这个寄存器只能在通道不工作时写入。通道开启后，该寄存器变为只读，指示剩余的待传输的字节数目寄存器内容在每次 DMA 传输后递减。数据传输结束后，寄存器的内容或者变为 0，或者被自动重新加载为之前配置的数值(当该通道配置为自动重加载模式时)。若寄存器的内容为 0，无论通道是否开启，都不会发生任何数据传输

表 7-5 中断状态位

位	名称	类型	复位值	说　明
0	GIF1	读	0	通道 1 全局中断标志
1	TCIF1	读	0	通道 1 传输完成中断标志
2	HTIF1	读	0	通道 1 传输过半中断标志
3	TEIF1	读	0	通道 1 传输错误中断标志

表 7-6　中断标志清除位

位	名称	类型	复位值	说　明
0	CGIF1	读 / 写	0	清除通道 1 全局中断标志
1	CTCIF1	读 / 写	0	清除通道 1 传输完成中断标志
2	CHTIF1	读 / 写	0	清除通道 1 传输过半中断标志
3	CTEIF1	读 / 写	0	清除通道 1 传输错误中断标志

表 7-7　通道配置寄存器(CCRx)

位	名称	类型	复位值	说　明
0	EN	读/写	0	通道使能
1	TCIE	读/写	0	传输完成中断使能
2	HTIE	读/写	0	传输过半中断使能
3	TEIE	读/写	0	传输错误中断使能
4	DIR	读/写	0	数据传输方向，0：外设读；1：存储器读
5	CIRC	读/写	0	循环模式，0：不重装 CNDTR；1：重装 CNDTR
6	PINC	读/写	0	外设地址增量，0：无增量；1：有增量
7	MINC	读/写	0	存储器地址增量，0：无增量；1：有增量
9:8	PSIZE[1:0]	读/写	0	外设数据宽度，00：8 位；01：16 位；10：32 位
11:10	MSIZE[1:0]	读/写	0	存储器数据宽度，00：8 位；01：16 位；10：32 位
13:12	PL[1:0]	读/写	0	通道优先级，00：低；01：中；10：高；11：最高
14	MEM2MEM	读/写	0	存储器到存储器模式
31:15	保留，始终为 0			

7.4　DMA 库函数

每个通道都可以在有固定地址的外设寄存器和存储器地址之间执行 DMA 传输。DMA 传输的数据量是可编程的，可以通过 DMA_CCRx 寄存器中的 PSIZE 和 MSIZE 位进行编程，最大数据传输数量为 65 536。存储数据传输数量的寄存器在每次传输后递减。

通过设置 DMA_CCRx 寄存器中的 PINC 和 MINC 标志位，外设和存储器的指针在每次传输后，可以有选择地完成自动增量。当设置为增量模式时，下一个要传输的地址是前一个地址加上增量值，增量值取决于所选的数据宽度(1、2 或 4)。第一个传输的地址是存放在 DMA_CPARx/DMA_CMARx 寄存器中的地址。在传输过程中，这些寄存器保持它们初始的数值不变，软件不能改变和读出当前正在传输内部外设/存储器地址寄存器中的地址。当通道配置为非循环模式时，传输结束后(即传输计数变为 0)将不再产生 DMA 操作。若要开始新的 DMA 传输，则需要在关闭 DMA 通道的情况下，在 DMA_CNDTRx 寄存器中重新写入传输数目。在循环模式下，最后一次传输结束时，DMA_CNDTRx 寄存器的内容会自动地被重新加载为其初始数值，内部的当前外设/存储器地址寄存器也被重新加载为 DMA_CPARx/DMA_CMARx 寄存器设定的初始基地址。

DMA 寄存器初始化相关数据结构在库文件 stm32f10x_dma.h 中的定义如下：

```
typedef struct
```

```
    {
        uint32_t DMA_PeripheralBaseAddr;        //DMA 通道外设地址
        uint32_t DMA_MemoryBaseAddr;            //DMA 通道存储器地址
        uint32_t DMA_DIR;                       //设定外设是作为数据传输的目的地还是来源
        uint32_t DMA_BufferSize;                //DMA 缓存的大小
        uint32_t DMA_PeripheralInc;             //外设地址寄存器是否递增
        uint32_t DMA_MemoryInc;                 //内存地址是否递增
        uint32_t DMA_PenpheralDataSize;         //外设数据传输单位
        uint32_t DMA_MemoryDataSize;            //存储器数据传输单位
        uint32_t DMA_Mode;                      //设定工作模式
        uint32_t DMA_Priority;                  //设定优先级
        uint32_t DMA_M2M;                       //是否从内存到内存
    } DMA_InitTypeDef;
```

上述结构体部分参数说明如下：

(1) DMA_DIR 设置外设是作为数据传输的目的还是来源。表 7-8 给出了该参数的取值范围。

表 7-8　DMA_DIR 值

DMA_DIR	描　　述
DMA_DIR_PenpheralDST	外设作为数据传输的目的地址
DMA_DIR_PeripheralSRC	外设作为数据传输的来源

(2) DMA_BufferSize 用于指定 DMA 通道的缓存大小，单位为数据单位。根据传输方向，数据单位等于结构体中参数 DMA_PeripheralDataSize 或 DMA_MemoryDataSize 的值。

(3) DMA_PeripheralInc 用于设定外设地址寄存器递增与否。表 7-9 给出了该参数的取值范围。

表 7-9　DMA_PeripheralInc 值

DM_PeripheralInc	描　　述
DMA_PeripheralInc_Enable	外设地址寄存器递增
DMA_PeripheralInc_Disable	外设地址寄存器不变

(4) DMA_MemoryInc 用于设定内存地址寄存器递增与否，表 7-10 给出了该参数的取值范围。

表 7-10　DMA_MemoryInc 值

DMA_MemoryInc	描　　述
DMA_MemoryInc_Enable	内存地址寄存器递增
DMA_MemoryInc_Disable	内存地址寄存器不变

(5) DMA-PeripheralDataSize 用于设定外设数据宽度。表 7-11 给出了该参数的取值范围。

表 7-11 DMA_PeripheralDataSize 值

DMA_PeripheralDataSize	描　述
DMA_PenpheralDataSize_Byte	数据宽度为 8 位
DMA_PeripheralDataSize_HalfWord	数据宽度为 16 位
DMA_PeripheralDataSize_Word	数据宽度为 32 位

(6) DMA_MemoryDataSize 用于设定内存数据宽度。表 7-12 给出了该参数的取值范围。

(7) DMA_Mode 用于设置 DMA 的工作模式。表 7-13 给出了该参数可取的值。

表 7-12 DMA_MemoryDataSize 值

DMA_MemoryDataSize	描　述
DMA_MemoryDataSize_Byte	数据宽度为 8 位
DMA_MemoryDataSize_HalfWord	数据宽度为 16 位
DMA_MemoryDataSize_Word	数据宽度为 32 位

表 7-13 DMA_Mode 值

DMA_Mode	描　述
DMA_Mode_Circular	工作在循环缓存模式
DMA_Mode_Normal	工作在正常缓存模式

循环模式用于处理一个环形的缓冲区，每轮传输结束时，数据传输的配置会自动地更新为初始状态，DMA 传输会连续不断地进行。正常模式是在 DMA 传输结束时，DMA 通道被自动关闭，进一步的 DMA 请求将不被满足。

(8) DMA_Priority 用于设定 DMA 通道 x 的软件优先级。表 7-14 给出了该参数可取的值。

表 7-14 DMA_Priority 值

DMA_Priority	描　述
DMA_Priority_VeryHigh	DMA 通道 x 拥有非常高优先级
DMA_Priority_High	DMA 通道 x 拥有高优先级
DMA_Priority_Medium	DMA 通道 x 拥有中优先级
DMA_Priority_Low	DMA 通道 x 拥有低优先级

(9) DMA_M2M 用于使能 DMA 通道内存到内存的传输。表 7-15 给出了该参数可取的值。

表 7-15 DMA_M2M 值

DMA_M2M	描述
DMA_M2M_Enable	DMA 通道 x 设置为从内存到内存传输
DMA_M2M_Disable	DMA 通道 x 没有设置为从内存到内存传输

7.5 应 用 实 例

1. 程序功能

将 PA1 上所接滑动变阻器上的电压以 DMA 方式读入内存，然后进行平均值滤波，每
10 个数据一组，去掉一个最大值，去掉一个最小值，剩下的数据取平均数，最后在数码管
上显示出来。

2. 硬件电路

硬件电路如图 7-3 所示。

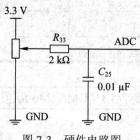

图 7-3 硬件电路图

3. 程序分析

1) 配置时钟

配置时钟代码如下：

```
void RCC_Conliguration(void)
{
    …
    /*使能时钟*/
    RCC_AHBPeriphClockCmd(RCC_AHBPeriph_DMAl , ENABLE);
    /*启动 DMA 时钟*/
    RCC_APB2PeriphClockCmd(RCC_APB2Periph_ADC1,ENABLE);
    …
}
```

2) GPIO 配置

GPIO 配置代码如下：

```
void GPIO_Configuration( void )
{
    GPIO_InitTypeDef GPIO_InitStructure；
    GPIO_InitStructure.GPIO_Pin = GPIO_Pin_1；
    GPIO_InitStructure.GPIO_Mode = GPIO_Mode_AIN；
    GPIO_Init(GPIOA, &GPIO_InitStructure)；
    GPIO_InitStruicture.GPIO_Pin = GPIO_Pin_All；
```

```
            GPIO_InitStructure.GPIO_Speed = GPIO_Speed_50MHz;
            GPIO_InitStructure.GPIO_Mode = GPTO_Mode_Out_PP;
            GPIO_Init(GPIOB,&GPIO_InitStructure);
            GPIO_InitStructure.GPlO_Pin = GPIO_Pin_8;
            GPIO_InitStructure.GPIO_Speed = GPIO_Speed_50MHz;
            GPIO_InitStructure.GPIO_Mode = GPIO_Mode_Out_PP;
            GPIO_Init(GPIOC, &GPIO_InitStructure);
        }
```

3) DMA 初始化程序

DMA 初始化程序代码如下：

```
    void DMA_Config(void)
    {
            /*DMA 通道配置*/
            //恢复默认值
            DMA_DeInit(DMA1_Channel1);      //将 DMA 的通道 x 寄存器重设为默认值
            DMA_InitStructure.DMA_PeripheralBaseAddr = ADC1_DR_Address;
            //该参数用于定义 DMA 外设基地址
            DMA_InitStructure.DMA_MemoryBaseAddr = (u32)&ADC_ConovertedValue;
            //该参数用于定义 DMA 内存基地址
            //DMA_DIR 规定了外设是作为数据传输的目的地还是来源
            DMA_InitStructure.DMA_DIR = DMA_DIR_PeripheralSRC;
            //DMA_BufferSize 用于定义指定 DMA 通道的 DMA 缓存的大小，单位为数据单位。根据传输
            //方向，数据单位等于结构中参数 DMA_PeripheralDataSize 或 DMA_MemoryDataSize 的值
            DMA_InitStructure.DMA_BufferSize = 16; //一次传输的数据量
            //DMA_PeripheralInc 用于设定外设地址寄存器递增与否
            DMA_InitStructure.DMA_PeripheralInc = DMA_PeripheralInc_Disable;
            //DMA_MemoryInc 用于设定内存地址寄存器递增与否
            DMA_InitStructure.DMA_MemoryInc = DMA_MemoryInc_Disable;
            //DMA_PeripheralDataSize 设定外设数据宽度
            DMA_InitStructure.DMA_PeripheralDataSize = DMA_PeripheralDataSize_HalfWord;
            //DMA_MemoryDataSize 设定内存数据宽度
            DMA_InitStructure.DMA_MemoryDataSize = DMA_MemoryDatasize_HalfWord;
            //DMA_Mode 设置 DMA 的工作模式
            DMA_InitStructure.DMA_Mode = DMA_Mode_Circular;
            //DMA_Priority 设定 DMA 通道 x 的软件优先级
            DMA_IniStructure.DMA_Priority = DMA_Priority_High;
            //DMA_M2M 使能 DMA 通道的内存到内存传输
            DMA InitStructure.DMA_M2M = DMA_M2M_Disable;
```

```
        DMA_Init( DMA1_Channel1,&DMA_InitStructure);
        /*使能 DMA 通道*/
        DMA_Cmd( DMAI_Channel1,ENABLE);
    }
```

4) ADC 初始化程序

ADC 初始化化程序代码如下：

```
    void ADC1_Config(void)
    {
        /ADC_Mode 设置 ADC 工作在独立或双 ADC 模式
        ADC _InitStructure.ADC_Mode = ADC_Mode_Independent;
        //ADC_ScanConvMode 规定 A/D 转换工作在扫描模式(多通道)还是单次(单通道)模式
        //可以设置这个参数为 ENABLE 或 DISABLE
        ADC_InitStructure.ADC_ScanConvMode = ENABLE;
        //ADC_ContinuousConvMode 规定 A/D 转换工作在连续模式还是单次模式
        ADC_InitStructure.ADC_ContinuousConvMode = ENABLE;
        //ADC_ExternalTrigConv 定义使用外部触发来启动规则通道的 A/D 转换
        ADC_InitStructure.ADC_ExternalTrigConv = ADC_ExternalTrigConv_None;
        //ADC_DataAlign 规定 ADC 数据向左边对齐还是向右边对齐
        ADC_InitStructure.ADC_DataAlign = ADC_DataAlign_Right;
        //ADC_NbrOfChannel 规定顺序进行规则转换的 ADC 通道的数目
        ADC_InitStructure.ADC_NbrOfChannel = 1;
        ADC_Init( ADC1,&ADC_InitStructure);
        /*设置指定 ADC1 用规则组通道 13*/
        //设置指定 ADC 的规则组通道，设置它们的转化顺序和采样时间
        ADC_RegularChannelConfig(ADC1,ADC_Channel_1,1,ADC_SampleTime_55Cycles5);
        /*使能 ADC1_DMA*/
        ADC_DMACmd(ADC1,ENABLE);
        /*使能 ADC1*/
        ADC_Cmd(ADC1,ENABLE);
        /*使能 ADC1 重置校准寄存器*/
        ADC_ResetCalibration(ADC1); //重置指定 ADC 的校准寄存器
        /*检查 ADC1，重置校准寄存器*/
        while( ADC_GetResetCalibrationStatus(ADC1));
        /*开始校准 ADC1*/
        ADC_StartCalibration(ADC1); //开始指定 ADC 的校准状态
        /*检查 ADC1，重置校准寄存器*/
        while(ADC_GetCalibrationStatus(ADC1));
        /*开始运行 ADC1_SoftwareConversion*/
```

```
        ADC_SoftwareStartConvCmd(ADC1,ENABLE);
    }
```

5) 平均值滤波程序

平均值滤波程序代码如下：

```
    void display(void)
    {
        ad _data = ADC_GetConversionValue(ADC1);
        if (ad_sample_cnt == 0)     //判断是不是第 1 次，若是，则设置最大值和最小值
        {
            ad_value_min = ad_data;
            ad_value_max = ad_data;
        }
        else if (ad_data < ad_value_min)   //判断是否比最小值小，若是，则保存
            {ad _value_min = ad_data;}
        else if (ad_data > ad_value_max)   //同上，找最大值
            {ad _value max = ad_data;}

        ad_value_sum += ad_data;        //所有的数据累加起来
        ad_sample_cnt++;
        if (ad_sample_cnt == 9)                 //采样 10 个数据
        {
            //求和
            ad _value_sum -= ad_value_min;   //去掉最大值和最小值
            ad value_sum -= ad_value_max;
            ad_value_sum >>= 3;                 //求剩下的 8 个数据的和，然后除以 8
            Clockls = 1;
            // ad_value_sum 中存放的是结果
            //复位
            ad_sample_cnt = 0;
            ad_value_min = 0;
            ad _value_max = 0;
        }
    }
```

6) 主程序

主程序代码如下：

```
    int main(void)
    {
        #ifdef DEBUG
```

```
        debug();
        #endif
        /*系统时钟配置-------------*/
        RCC_Configuration();
        /*NVIC 配置--------------*/
        NVIC_Configuration();
        /*GPIO 配置---------------*/
        GPIO_Configuration();
        //配置 USART1
        // USART_Configurationl();
        //SystemInit();
        // printf( "\r\n USART1 print AD_value     ----------------\r\n");
        DMA_Config();
        ADC_Config();
        GPIO_SetBit(GPIOC,GPIO_Pin_8);
        GPIO_SetBit(GPIOB,GPlO_Pin_0);
        GPIO_SetBit(GPIOB,GPIO_Pin_1);
        GPIO_SetBit(GPIOB,GPIO_Pin_2);
        while (1)
        {
            display();
        }
    }
```

本 章 小 结

　　本章首先概述了直接存储器存取 DMA，然后介绍了其结构、功能，并对其寄存器、库函数进行了说明，最后通过一个实例说明了直接存储器存取 DMA 的应用。

第 8 章　内部集成电路总线

8.1　I²C 概述

I²C 总线是 Inter Integrated Circuit Bus 的缩写，通常译为"内部集成电路总线"或"集成电路间总线"，简称为总线。I²C 总线是一种高效、实用且可靠的双向二线串行数据传输结构总线。

I²C 使用了一根 SDA 数据线和一根 SCL 数据线实现主/从设备间的多主串行通信，其时序关系如图 8-1 所示。

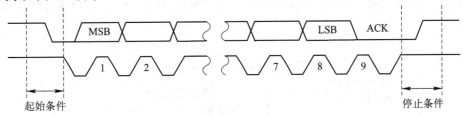

图 8-1　SDA 与 SCL 时序关系

I²C 的传递都是由起始信号开始，由终止信号结束。其起始条件为：SCL 为高电平时，SDA 从高电平变为低电平；停止条件为：SCL 为高电平时，SDA 从低电平变为高电平。

SDA 上的数据在 SCL 高低电平时要求不同，在低电平时数据可以改变，但 SDA 上的数据必须在 SCL 高电平时保持稳定。发送器发送数据后释放 SDA，接收器接收数据后必须在 SCL 低电平时将 SDA 变为低电平，在 SCL 高电平时 SDA 保持稳定，作为发送器的应答。

STM32 的 I²C 接口具有 4 种工作模式：从发送器模式、从接收器模式、主发送器模式、主接收器模式。

I²C 设计实现包括 I²C EEPROM 库函数程序设计实现和 GPIO 仿真 I²C 库函数程序设计实现。可以通过以下 6 个步骤，利用 EEPROM 库函数设计实现 I²C：

(1) 新建工程；
(2) 添加 C 语言源文件；
(3) 修改 C 语言源文件；
(4) 添加库文件；
(5) 生成目标程序文件；
(6) 使用调试器运行目标程序。

注：由于 I²C 接口的特殊性，I²C EEPROM 库函数程序不能使用仿真器调试和运行，

也不能使用调试器正常测试。但可以通过以下 5 个步骤,利用 GPIO 仿真 I^2C 库函数程序设计实现 I^2C:

(1) 添加 C 语言源文件;

(2) 修改 C 语言源文件;

(3) 添加库文件;

(4) 生成目标程序文件;

(5) 使用调试器运行目标程序。

8.2 I^2C 结构及寄存器

8.2.1 I^2C 结构

I^2C 由数据和时钟两部分组成,数据部分由数据寄存器、数据移位寄存器和数据控制部分等组成;时钟部分由控制状态寄存器、控制逻辑电路、时钟控制器寄存器和时钟控制部分等组成。控制状态寄存器通过控制逻辑电路等控制时钟的行为。I^2C 结构方框图如图 8-2 所示。

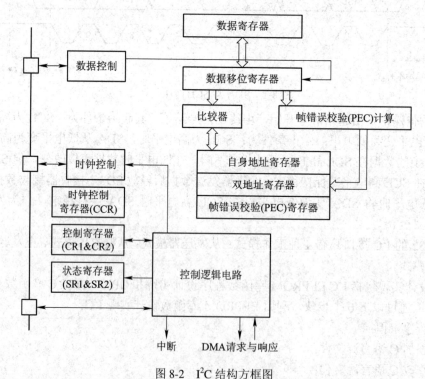

图 8-2 I^2C 结构方框图

I^2C 可以在标准模式工作(输入时钟频率最低为 2 MHz,SCL 频率最高为 100 kHz),也可以在快速模式工作(输入时钟频率最低为 4 MHz,SCL 频率最高为 400 kHz)。

I^2C 使用的 GPIO 引脚如表 8-1 所示。

表 8-1　I²C 使用的 GPIO 引脚

I²C 引脚	GPIO 引脚		
	I²C1	I²C2	配置
SDA	PB7(PB9)①	PB11	复用开漏输出
SCL	PB6(PB8)①	PB10	复用开漏输出
SMBALERT	PB5	PB12	

注：①括号中的引脚为复用功能引脚。

8.2.2　I²C 寄存器

I²C 需要通过 9 个寄存器进行操作，如表 8-2 所示(I²C1 和 I²C2 的基地址分别为 0x40005400 和 0x40005800)。

表 8-2　I²C 寄存器

偏移地址	名称	类型	复位值	说　　明
0x00	CR1	读/写	0x0000	控制寄存器 1
0x04	CR2	读/写	0x0000	控制寄存器 2
0x08	OAR1	读/写	0x0000	自身地址寄存器 1
0x0C	OAR2	读/写	0x0000	自身地址寄存器 2
0x10	DR	读/写	0x00	数据寄存器
0x14	SR1	读/写	0x0000	状态寄存器 1
0x18	SR2	读	0x0000	状态寄存器 2
0x1C	CCR	读/写	0x0000	时钟控制寄存器
0x20	TRISE	读/写	0x0002	上升时间寄存器(主模式)。 标准模式：TRISE = int(100 ns × FREQ + 1) 快速模式：TRISE = int(300 ns × FREQ + 1)

I²C 寄存器结构体在 stm32f10x_map.h 中的定义如下：

```
typedef struct
{
    vu16 CR1;                    //控制寄存器 1
    vu16 CR2;                    //控制寄存器 2
    vu16 OAR1;                   //自身地址寄存器 1
    vu16 OAR2;                   //自身地址寄存器 2
    vu16 DR;                     //数据寄存器
    vu16 SR1;                    //状态寄存器 1
    vu16 SR2;                    //状态寄存器 2
    vu16 CCR;                    //时钟控制寄存器
    vu16 TRISE;                  //上升时间寄存器
}I2C_TypeDef;
```

I²C 寄存器中按位操作寄存器的内容如表 8-3～表 8-9 所示。

表 8-3　I²C 控制寄存器 1(CR1)

位	名称	类型	复位值	说　明
15	SWRST	读/写	0	软件复位
14				保留位，硬件强制为 0
13	ALERT	读/写	0	SMBus 提醒
12	PEC	读/写	0	数据包出错检测
11	POS	读/写	0	ACK/PEC 位置
10	ACK	读/写	0	应答使能
9	STOP	读/写	0	停止条件产生
8	START	读/写	0	起始条件产生
7	NOSTRETCH	读/写	0	禁止时钟延长
6	ENGC	读/写	0	广播呼叫使能
5	ENPEC	读/写	0	PEC 使能
4	ENARP	读/写	0	ARP 使能
3	SMBTYPE	读/写	0	SMBus 类型，0：SMBus 设备；1：SMBus 主机
2				保留位，硬件强制为 0
1	SMBUS	读/写	0	SMBus 模式，0：I²C 模式；1：SMbus 模式
0	PE	读/写	0	I²C 使能

表 8-4　I²C 控制寄存器 2(CR2)

位	名称	类型	复位值	说　明
12	LAST	读/写	0	DMA 最后一次传输
11	DMAEN	读/写	0	DMA 请求使能
10	ITBUFEN	读/写	0	缓冲器中断使能
9	ITEVTEN	读/写	0	事件中断使能
8	ITERREN	读/写	0	出错中断使能
7:6				保留位，硬件强制为 0
5:0	FREQ[5:0]	读/写	000000	输入数字频率：26 MHz(000010～100100)。 标准模式：最低 2 MHz(000010)； 快速模式：最低 4 MHz(000100)

表 8-5　I²C 自身地址寄存器 1(OAR1)

位	名称	类型	复位值	说　明
15	ADDMODE	读/写	0	地址模式(从模式)：0～7 位地址，1～10 位地址
14:10				保留(位 14 必须始终由软件保持为 1)
9:8	ADD[9:8]	读/写	00	地址 9～8 位(10 位地址)
7:1	ADD[7:1]	读/写	0000000	地址 7～1 位
0	FREQ[5:0]	读/写	0	地址 0 位(10 位地址)，0：发送；1：接收

表 8-6 I²C 自身地址寄存器 2(OAR2)

位	名称	类型	复位值	说 明
15:8	保留位，硬件强制为 0			
7:1	ADD2[7:1]	读/写	0000000	地址 7～1 位(双地址模式)
0	ENDUAL	读/写	0	双地址模式使能

表 8-7 I²C 状态寄存器 1(SR1)

位	名称	类型	复位值	说 明
15	SMBALERT	读/写 0 清除	0	SMBus 提醒
14	TIMEOUT	读/写 0 清除	0	超时
13	保留位，硬件强制为 0			
12	PECERR	读/写 0 清除	0	PEC 错误(用于数据接收)
11	OVR	读/写 0 清除	0	过载/欠载
10	AF	读/写 0 清除	0	应答失败
9	ARLO	读/写 0 清除	0	仲裁丢失(主模式)
8	BERR	读/写 0 清除	0	总线出错
7	TXE	读/写 0 清除	0	数据寄存器空(发送)
6	RXNE	读/写 0 清除	0	数据寄存器不空(接收)
5	保留位，硬件强制为 0			
4	STOPF	读/写 0 清除	0	停止条件检测(从模式，到 CR1 清除)
3	ADD10	读/写 0 清除	0	10 位地址已发送
2	BTF	读/写 0 清除	0	字节发送完成
1	ADDR	读/写 0 清除	0	地址发送(主模式)/地址匹配(从模式)
0	SB	读/写 0 清除	0	起始条件已发送(主模式)

表 8-8 I²C 状态寄存器 2(SR2)

位	名称	类型	复位值	说 明
15:8	PEC[7:0]	读	0	数据包出错检测
7	DUALF	读	0	双地址标志(从模式)
6	SMBHOST	读	0	SMB 主机地址(从模式)
5	SMBDEFAULT	读	0	SMB 默认地址(从模式)
4	GENCALL	读	0	广播呼叫地址(从模式)
2	TRA	读	0	发送/接收，0：接收；1：发送
1	BUSY	读	0	总线忙
0	MSL	读	0	主从模式，0：从模式；1：主模式

表 8-9 I²C 时钟控制寄存器(CCR)

位	名称	类型	复位值	说 明
15	F/S	读/写	0	快速/标准模式选择，0：标准；1：快速
14	DUTY	读/写	0	占空比(快速模式)，0：1/3；1：9/25
13:12	保留位，硬件强制为 0			
11:0	CCR[11:0]	读/写	0	时钟分频系数(主模式)。 标准模式：$CCR=f_{PLCK}/(2f_{SCL})$(最小为 4) 快速模式：$CCR=f_{PLCK}/(3f_{SCL})$(DUTY=0) $CCR=f_{PLCK}/(25f_{SCL})$ (DUTY=1)

8.3　库函数说明

常用 I²C 库函数在 stm32f10x_i2c.h 中声明如下：

　　void I2C_Init(I2C_TypeDef* I2Cx,I2C_IninTypeDef* I2C_InitStruct);

　　void I2C_Cmd(I2C_TypeDef* I2Cx, FunctionalState NewState);

　　void I2C_GenerateSTART(I2C_ TypeDef* I2Cx, FunctionalState NewState)

　　void I2C_GenerateSTOP(I2C_TypeDef* I2Cx, FunctionalState NewState)

　　void I2C_AcknowledgeConfig(I2C_TypeDef* I2Cx, FunctionalState NewState);

　　void I2C_OwnAddress2Config(I2C_TypeDef*I2Cx, u8 Address);

　　void I2C_SendData(I2C_TypeDef* I2Cx, u8 Data)

　　u8 I2C_ReceiveData(I2C_TypeDef* I2Cx);

　　void I2C_Send7bitAddress(I2C_TypeDef* I2Cx,u8 Address,u8 I2C_Direction);

　　u16 I2C_ReadRegister(I2C_TypeDef* I2Cx,u8 I2C_Register);

　　void I2C_SoftwareResetCmd(I2C_TypeDef* I2Cx,FunctionalState NewState);

　　u32 I2C_GetLastEvent(I2C_TypeDef* I2Cx);

　　ErrorStatus I2C_ CheckEvent (I2C_ TypeDef* I2Cx, u32 I2C_EVENT);

　　FlagStatus I2C_GetFlagStatus (I2C_TypeDef* I2Cx, u32 I2C_FLAG);

　　void I2C_ClearFlag(I2C_TypeDef* I2Cx, u32 I2C_FLAG);

具体介绍如下：

(1) 初始化 I²C。函数如下：

　　void I2C_Init(I2C_TypeDef* I2Cx,I2C_InitTypeDef* I2C_InitStruct)

参数说明：

- I2Cx：I²C 名称，取值是 I2C1 或者 I2C2 等。
- I2C_InitStruct：用户自行设置。

(2) 使能 I²C。函数如下：

　　void I2C_Cmd(I2C_TypeDef* I2Cx,FunctionalState NewState)

参数说明：

- I2Cx：I²C 名称，取值为 I2C1 或 I2C2 等。
- NewState：I²C 新状态，ENABLE(1)为允许，DISABLE(0)为禁止。

(3) 产生起始条件。函数如下：

　　void I2C_GenerateSTART(I2C_TypeDef* I2Cx, FunctionalState NewState)

参数说明：

- I2Cx：I²C 名称，取值为 I2C1 或 I2C2 等。
- NewState：I²C 新状态，ENABLE(1)为允许，DISABLE(0)为禁止。

(4) 产生停止条件。函数如下：

　　void I2C_GenerateSTOP(I2C_TypeDef* I2Cx, FunctionalState NewState)

参数说明：

- I2Cx：I²C 名称，取值为 I2C1 或 I2C2 等。

- NewState：I²C 新状态，ENABLE(1)为允许，DISABLE(0)为禁止。

(5) 配置应答。函数如下：

> void I2C_AcknowledgeConfig(I2C_TypeDef* I2Cx,FunctionalState NewState)

参数说明：

- I2Cx：I²C 名称，取值为 I2C1 或 I2C2 等。
- NewState：I²C 新状态，ENABLE(1)为允许，DISABLE(0)为禁止。

(6) 配置自身地址 2。函数如下：

> void I2C_OwnAddress2Config(I2C_TypeDef* I2Cx,u8 Address)

参数说明：

- I2Cx：I²C 名称，取值为 I2C1 或 I2C2 等。
- Address：7 位自身地址。

(7) 发送数据。函数如下：

> void I2C_SendData(I2C_TypeDef*I2Cx,u8 Data)

参数说明：

- I2Cx：I²C 名称，取值为 I2C1 或 I2C2 等。
- Data：8 位发送数据。

(8) 接收数据。函数如下：

> u8 I2C_ReceiveData(I2C_TypeDef* I2Cx)

参数说明：

- I2Cx：I²C 名称，取值为 I2C1 或 I2C2 等。
- 返回值：8 位接收数据。

(9) 发送 7 位地址。函数如下：

> void I2C_Send7bitAddress(I2C_TypeDef* I2Cx, u8 Address, u8 I2C_Direction)

参数说明：

- I2Cx：I²C 名称，取值为 I2C1 或 I2C2 等。
- Address：用户自行输入目标地址。
- I2C_Direction：方向。其在 stm32f10x_i2c.h 中的定义如下：

    #define I2C_Direction_Transmitter   ((u8)0x00)

    #define I2C_ Direction_ Receiver   ((u8)0x00)

(10) 读寄存器。函数如下：

> u16 I2C_ReadRegister(I2C_TypeDef* I2Cx, u8 I2C_Register)

参数说明：

- I2Cx：I²C 名称，取值为 I2C1 或 I2C2 等。
- I2C_Register：I²C 寄存器。
- 返回值：寄存器值。

(11) 使能软件复位。函数如下：

> void I2C_SoftwareResetCmd(I2C_Typedef* I2Cx,FunctionalState NewState)

参数说明：

- I2Cx：I²C 名称，取值为 I2C1 或 I2C2 等。

- NewState：软件复位新状态，ENABLE(1)为允许，DISABLE(0)为禁止。

(12) 获取最后事件。函数如下：

    u32 I2C_GetLastEvent(I2C_TypeDef* I2Cx)

参数说明：

- I2Cx：I^{2}C 名称，取值为 I2C1 或 I2C2 等。
- 返回值：I^{2}C 事件。

(13) 检查事件。函数如下：

    ErrorStatus I2C_CheckEvent(I2C_TypeDef* I2Cx, u32 I2C_EVENT)

参数说明：

- I2Cx：I^{2}C 名称，取值为 I2C1 或 I2C2 等。
- I2C_EVENT：I^{2}C 事件。
- 返回值：事件状态，SUCCESS 代表最后事件是检查事件，ERROR 代表最后事件不是检查事件。

(14) 获取 I^{2}C 标志状态。函数如下：

    FlagStatus I2C_GetFlagStatus(I2C_TypeDef* I2Cx,u32 I2C_FLAG)

参数说明：

- I2Cx：I^{2}C 名称，取值为 I2C1 或 I2C2 等。
- I2C_FLAG：I^{2}C 标志。

返回值：I^{2}C 标志状态。SET(1)代表置位，RESET(0)代表复位。

(15) 清除 I^{2}C 标志。函数如下：

    void I2C_ClearFlag(I2C_TypeDef* I2Cx, u32 I2C_FLAG)

参数说明：

- I2Cx：I^{2}C 名称，取值为 I2C1 或 I2C2 等。
- I2C_FLAG：I^{2}C 标志。

8.4 应 用 实 例

以二线串行 EEPROM 24C02 为例，通过 I^{2}C 接口实现对 24C02 的读/写操作。

24C02 是 2 Kb 串行 EEPROM，内部组织为 256 × 8 b，写周期内部定时(小于 5 ms)；二线串行接口，可实现 8 个器件共用 1 个接口，工作电压为 2.7 V～5.5 V；8 引脚封装，引脚说明如表 8-10 所示。

表 8-10　24C02 引脚说明

引脚	功能	方向	说明	引脚	功能	方向	说明
1	A0	输入	器件地址 0	5	SDA	双向	串行数据
2	A1	输入	器件地址 1	6	SCL	输入	串行时钟
3	A2	输入	器件地址 2	7	WP	输入	写保护
4	GND	—	地	8	VCC	输入	电源(2.7 V～5.5 V)

24C02 的字节数据读/写格式如图 8-3 所示。

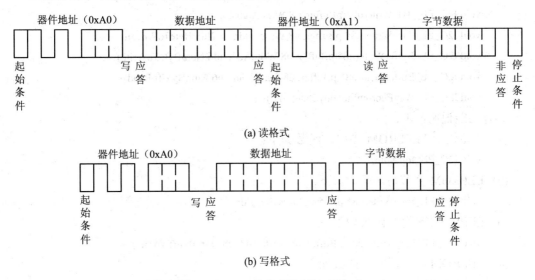

(a) 读格式

(b) 写格式

图 8-3 24C02 的字节数据读/写格式

读数据时,控制器的操作由两部分构成:写数据地址和读字节数据。写数据地址和读字节数据前,控制器首先发送 7 位器件地址和 1 位读/写操作,写数据地址前读/写操作位为 0(写操作),读字节数据前读/写操作位为 1(读操作)。

应答(ACK)由 24C02 发出,作为写操作的响应;非应答(NAK)由控制器发出,作为读操作的响应。当连续读取多个字节数据时,前面字节数据后为应答,最后一个字节数据后为非应答。

写数据时,写数据地址和写字节数据一起进行,7 位器件地址后的读/写操作位为 0(写操作)。应答由 24C02 发出,作为写操作的响应。

24C02 读/写程序的系统硬件方框图如图 8-4 所示。

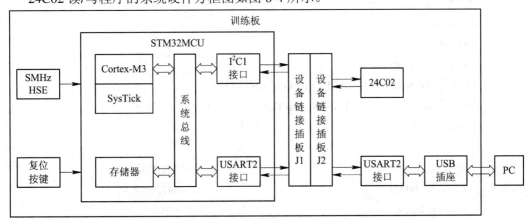

图 8-4 24C02 读/写程序的系统硬件方框图

下面给出用来具体实现功能的程序。

1. I²C EEPROM 库函数说明

I²C EEPROM 库函数的声明如下:

```
        void I2C_EE_Init (void);
        void I2C_EE_ByteWrite(u8* pBuffer, u8 WriteAddr);
        void I2C_EE_PageWrite(u8* pBuffer, u8 WriteAddr, u8 NumByteToWrite);
        void I2C_EE_BufferWrite(u8* pBuffer, u8 WriteAddr, ul6 NumByteToWrite);
        void I2C_EE_BufferRead(u8* pBuffer, u8 ReadAddr, ul6 NumByteToRead);
        void I2C_EE_WaitEepromStandbyState(void);
```

具体功能说明如下：

(1) 初始化 I^{2}C EEPROM 接口。函数如下：

```
        void I2C_EE_Init(void)
```

(2) EEPROM 字节写。函数如下：

```
        void I2C_EE_ByteWrite(u8* pBuffer, u8 WriteAddr)
```

(3) EEPROM 页写。函数如下：

```
        void I2C_EE_PageWrite(u8* pBuffer, u8 WriteAddr,u8 NumByteToWrite)
```

(4) EEPROM 缓存区写。函数如下：

```
        void I2C_EE_BufferWrite(u8* pBuffer, u8 WriteAddr,u16 NumByteToWrite)
```

(5) EEPROM 缓存区读。函数如下：

```
        void I2C_EE_BufferRead(u8* pBuffer, u8 ReadAddr,u16 NumByteToRead)
```

(6) 等待 EEPROM 待机状态。函数如下：

```
        void I2C_EE_WaitEepromStandbyState(void)
```

2. I^{2}C EEPROM 库函数程序设计

使用 I^{2}C EEPROM 库函数程序设计 main.c 的内容如下：

```
        #include "uart h"
        include "i2c_ ee.h"
        u8 min = 0, sec = 0, secl = 0;
        u8time[ ], "00:00/r/n/0";
        void SysTick_Init(void);
        void SysTick_Proc(void);
        void USART_SendTime(USART_ TypeDef* USARTx);
        void USART_ReceiveTime(USART_TypeDef* USARTx);
        int main(void)
        {
            SysTick_Init();                          //SysTick 初始化
            USART2_Init();                           //USART2 初始化
            I2C_EE_Init();                           //I²C 初始化
            I2C_EE_BufferRead(time, 0, 2);           //从 24C02 读时间初值
            if (time[1] < 0x60)                      //秒值有效
            {
                main = time[0];
```

```
            sec = time[1];
        }
        sec1 = sec;
        while (1)
        {
            SysTick_Proc();                              //SysTick 处理
            if (sec1 != sec)                             //1 s 到
            {
                sec1 = sec;
                printf("%02x:%02x/r/n", min, sec);       //USART 发送时间
            }
            USART_ReceiveTime(USART2);                   //USART 接收时间
        }
    }
    void SysTick_Init(void)
    {
        SysTick_SetReload(1e6);                          //设置 1 s 重装值(时钟频率为 8 MHz/8)
        SysTick_CounterCmd(SysTick_Counter_Enable);
    }                                                    //允许 SysTick
    void SysTick_Proc(void)
    {
        if (SysTick_ GetFlagStatus (SysTick FLAG_ COUNT))
        {                                                //1 s 到
            if ((++sec& 0xf) > 9) sec += 6;              //sec 值 BCD 调整
            if (sec >= 0x60)                             //1 min 到
            {
                sec = 0;
                if ((++min& 0xf > 9) min += 6;           //min 值到 BCD 值调整
                if (min >= 0x60) min = 0;                //1 h 到
            }
        }
    }
    void USART_SendTime(USART TypeDef* USARTx)
    {
        USART_SendData_New_(USARTx, ( (min&0xf0)>>4)+ 0x30);    //发送分十位
        USART_SendData_New_(USARTx, (min &0x0f) + 0x30);        //发送分个位
        USART_SendData_New_(USARTx,':');                        //发送冒号
        USART_SendData_New_(USARTx, ((sec&0xf0)>>4) + 0x30);    //发送秒十位
        USART_SendData_New_(USARTx, (sec &0x0f) + 0x30);        //发送秒个位
```

```
        USART_SendData_New_(USARTx, 0xd);                               //发送回车
        USART_SendData_New_(USARTx, 0xa);                               //发送换行
    }
    void USART_ReceiveTime(USART_TypeDef* USARTx)
    {
        u8 data = USART_ReceiveData_NonBlocking (USARTx);               //非阻塞接收数据
        if (data)                                                       //数据有效
        {
            SysTick_CounterCmd(SysTick_Counter_Disable);               //禁止 SysTick
            USART_SendData_New(USARTx, data);                          //回显数据
            Time[num] = data - 0x30;                                    //保存数据
            if (++num = 4)                                              //接收完成
            {
                num = 0;
                USART_SendData_New(USARTx, 0xd);                       //发送回车
                USART_SendData_New(USARTx, 0xa);                       //发送换行
                min = (time[0]<<4) + time[1];                           //设置分值
                sec = (time [2]<<4)+time[3];                            //设置秒值
                time[0] = min;
                time[1] = sec;
                I2C_ EE_BufferWrite(time, 0, 2);                        //向 24C02 写时间设置
                SysTick_CounterCmd(SysTick_Counter_Enable);           //允许 SysTick
            }
        }
    }
```

3. GPIO 仿真 I²C 库函数说明

为了克服 I²C EEPROM 库函数移植性差的缺点，可以用 GPIO 仿真 I²C。相关库函数参考程序如下：

```
#define I2C_PORT GPIOB
#define SCL_Pin GPIO_Pin 6
#define SDA _Pin GPIO_Pin 7
#define FAILURE 0
#define SUCCESS 1
//I²C 初始化
void I2C_Init(void)
{
    GPIO_InitTypeDef GPIO_ InitStruct;
    RCC_APB2PeriphClockCmd(RCC_ APB2Periph_GPIOB, ENABLE);
```

```
    GPIO_InitStruct.GPIO_Pin = SDA_Pin | SCL_Pin;
    GPIO_InitStruct.GPIO_Speed = GPIO_Speed_2MHz;
    GPIO_InitStruct.GPIO_Mode = GPIO_Mode_Out_OD;
    GPIO_Init(I2C_PORT, &GPIO_InitStruct);
}
//配置 SDA 为输入模式
void SDA_Input_ Mode (void)
{
    GPIO_InitTypeDef.GPIO_InitStruct;
    GPIO_InitStruct.GPIO_Pin = SDA_Pin;
    GPIO_InitStruct.GPIO_Speed = GPIO_Speed_2MHz;
    GPIO_InitStruct.GPIO_Mode = GPIO_Mode_IN_FLOATING;
    GPIO_Init(I2C_ PORT, &GPIO_InitStruct);
}
//配置 SDA 为输出模式
void SDA_Output_Mode(void)
{
    GPIO_InitTypeDef.GPIO_InitStruct;
    GPIO_InitStruct.GPIO_Pin = SDA_Pin;
    GPIO_InitStruct.GPIO_Speed = GPIO_Speed_2MHz;
    GPIO_InitStruct.GPIO_Mode = GPIO_Mode_Out_OD;
    GPIO_Init(I2C_PORT, &GPIO_InitStruct);
}
//SDA 输入
u8 SDA_Input(void)
{
    return GPIO_ReadInputDataBit(I2C_PORT, SDA_Pin);
}
//SDA 输出
void SDA_Output(u8 val)
{
    if (val)
    {
        GPIO_SetBit(I2C_PORT,SDA_Pin);
    }
    else
    {
        GPIO_ResetBit(I2C_PORT,SDA_Pin);
    }
```

```
}
// SCL 输出
void SCL_Output(u8 val)
{
    if (val)
    {
        GPIO_SetBit(I2C_PORT,SCL_Pin);
    }
    else
    {
        GPIO_ResetBit(I2C_PORT,SCL_Pin);
    }
}
//延时程序
void delay1(u32 n)
{
    u32 i;
    for (i=0; i<n; ++i);
}
//I²C 起始
void I2C_Start (void)
{
    SDA_Output(1); delay1(500);
    SCL_Output(1); delay1(500);
    SDA_Output(0); delay1(500);
    SCL_Output(0); delay1(500);
}
//I²C 停止
void I2C_Stop(void)
{
    SCL_Output(0); delay1(500);
    SDA_Output(0); delay1(500);
    SCL_Output(1); delay1(500);
    SDA_Output(1); delay1(500);
}
//等待应答
u8 I2C_WaitAck (void)
{
    u8 cErrTime = 5;
```

```
    SDA_ Input_ Mode();    delay1(500);
    SCL_Output (1);    delay1(500);
    while (SDA_Input())
    {
        delay1(500);
        if (--cErrTime == 0)
        {
            SDA_Output_Mode();
            I2C_Stop();
            return FAILURE;
        }
    }
    SCL_Output(0);    delay1(500);
    SDA_Output_Mode();
    return SUCCESS;
}
//发送应答
void I2C_SendAck(void)
{
    SDA_Output(0); delay1(500);
    SCL_Output(1); delay1(500);
    SCL_Output(0); delay1(500);
}
//发送非应答
void I2C_SendNotAck (void)
{
    SDA_Output(1); delay1(500);
    SCL_Output(1); delay1(500);
    SCL_Output(0); delay1(500);
}
//I²C 发送字节
void I2C_SendByte(u8 cSendByte)
{
    u8 i = 8;
    while (i--)
    {
        SDA_Output(0); delay1(500);
        SDA_Output(cSendByte & 0x80); delay1(500);
        SCL_Output(1); delay1(500);
```

```
            cSendByte << -1;
        }
        SCL_Output(0); delay1(500);
    }
//I²C 接收字节
u8 I2C_ReceiveByte (void)
{
    u8 i = 8, cReceByte = 0;
    SDA_Input_Mode();
    while (i--)
    {
        cReceByte <<= 1;
        SCL_Output(0); delay1(500);
        SCL_Output(1);  delay1(500);
        cReceByte |= SDA_Input();
    }
    SCL_Output(0); delay1(500);
    SDA_Output_Mode();
    return cReceByte;
}
```

4. GPIO 仿真 I²C 库函数程序设计

利用 GPIO 仿真 I²C 库函数，重新设计 I2C_EE_BufferWrite()和 I²C_EE_BufferRead()函数。代码如下：

```
u8 I2C_EE_BufferWrite (u8* pBuffer, u8 WriteAddr, u8 NumByteToWrite)
{
    I2C_Start( );
    I2C_SendByte(0xA0);
    if (I2C_WaitAck())
    {
        I2C_SendByte(WriteAddr);
        if (I2C_WaitAck())
        {
            while (NumByteToWrite--)
            {
                I2C_SendByte(*pBuffer);
                if (!I2C_WaitAck())
                return FAILURE;
                pBuffer++;
```

```
        }
        I2C_Stop();
        return SUCCESS;
      }
    }
    return FAILURE;
}
u8 I2C_EE_BufferRead(u8*PBuffer, u8 ReadAddr, u8 NumByteToRead)
{
    I2C_Start();
    I2C_SendByte(0xA0);
    if (I2C_WaitAck())
    {
        I2C_SendByte(ReadAddr);
        if (I2C_WaitAck())
        {
            I2C_Start();
            I2C_SendByte (0xA1);
            if (I2C_WaitAck())
            {
                while (NumByteToRead--)
                {
                    *pBuffer = I2C_ReceiveByte();
                    if (NumByteToRead)
                    {
                        I2C_SendAck();
                    }
                    else
                    {
                        I2C_SendNotAck();
                    }
                    pBuffer++;
                }
                I2C_Stop();
                return SUCCESS;
            }
        }
    }
    return FAILURE;
```

}

本 章 小 结

　　本章首先概述了内部集成电路总线接口 I^2C，然后介绍了其结构、寄存器和库函数，最后通过一个实例说明了内部集成电路总线接口 I^2C 的应用。

附录　STM32 嵌入式开发常用词汇词组及缩写词汇总

英文缩写 (Abbreviations)	英文全称 (English)	中文含义 (Chinese)
A		
ADC	Analog to Digital Converter	模/数转换器，模数转换器
AFIO	Alternate Function IO	复用 IO 端口
AHB	Advanced High-Preformance Bus	先进高性能总线
AHB-AP	Advanced High-Preformance Bus-Access Port	先进高性能总线-访问端口
Arg	Argument	自变量
APB	Advanced Peripheral Bus	先进外设总线
API	Application Programming Interface	应用程序编程接口
ATM	Asynchronous Transfer Mode	异步传输模式
B		
BKP	Backup	后备寄存器
BSP	Board Support Package	板级支持包
BYP	Bypass	旁路
C		
CAN	Controller Area Network	控制器局域网
Calc	Calculate	计算
CM	Cortex Microcontroller Software Interface Standard	Cortex 微控制器软件接口标准
Cmd	Command	命令、使能
CLK	Clock	时钟
Conf	Config	配置
CRC	Cyclic Redundancy Check	循环冗余校验

续表一

英文缩写 (Abbreviations)	英文全称 (English)	中文含义 (Chinese)
C		
CSR	Clock Control/Status Register	时钟控制/状态寄存器
Ctrl	Control	控制
D		
DAC	Digital to Analog Converter	数/模转换器，数字模拟转换器
DAP	Debug Access Prot	调试访问端口
D		
DBG	Debug	调试
Def	Define	定义
DMA	Direct Memory Access	存储器直接访问
Doc	Document	文件
DSP	Digital Signal Processor	数字信号处理器/数字信号处理
DWT	Data Watchpoint and Trace	数据观察点及跟踪
E		
ETM	Embedded Trace Macrocell	嵌入式跟踪宏单元
Eval	Evaluate	评估
EXTI	External Interrupts	外部中断
F		
FPB	Flash Patch and Breakpoint	闪存地址重载及断点
FPGA	Field-Programmable Gate Array	现场可编程门阵列
FSMC	Flexible Static Memory Controller	可变静态存储控制器
FSR	Fault State Register	Fault 状态寄存器
FwLib	Firmware Library	固件库
G		
GPIO	General Purpose Input/Output	通用 IO 端口
GPS	Global Positioning System	全球定位系统
GSM	Global System for Mobile Communications	全球移动通信系统
H		
HSE	High Speed External Oscillator	高速外部时钟
HS	High Speed Internal Oscillator	高速内部时钟

续表二

英文缩写 (Abbreviations)	英文全称 (English)	中文含义 (Chinese)
I		
ICE	In Circuit Emulator	在线仿真器
IDE	Integrated Development Environment	集成开发环境
Inc	Include	包括
INT	Interrupt	中断
Init	Initialize	初始化
I2C	Inter-Integrated Circuit	微集成电路
I2S	Integrate Interface of Sound	集成音频接口
IRQ	Interrupt Request	中断请求(通常是指外部中断的请求)
IRQn	Interrupt Level	中断级
ISA	Instruction System Architecture	指令系统架构
ISR	Interrupt Service Routines	中断服务程序
ITM	Instruction Trace Macro Unit	指令跟踪宏单元
IWDG	Independent Watchdog	独立看门狗
J		
JTAG	Joint Test Action Group	连结点测试行动组(一个关于测试和调试接口的标准)
Lib	Library	库
LP	Low Power	低功耗
LR	Link Register	链接寄存器
LSB	Least Significant Bit	最低有效位
LSE	Low Speed External Oscillator	低速外部时钟
LSI	Low Speed Internal Oscillator	低速内部时钟
LSU	Load / Storage Unit	加载/存储单元
M		
MCU	Microcontroller Unit	微控制器单元
MIPS	Millions of Instructions Per Second	每秒能执行的百万条指令的条数
MPU	Memory Protection Unit	存储器保护单元
MSB	Most Significant Bit	最高有效位
MSP	Main Stack Pointer	主堆栈指针

续表三

英文缩写 (Abbreviations)	英文全称 (English)	中文含义 (Chinese)
N		
NVIC	Nested Vectored Interrupt Controller	嵌套向量中断控制器
NMI	Non-Maskable Interrupt	不可屏蔽中断
O		
OEM	Original Equipment Manufacturer	原始设备制造商
OS	Operating System	操作系统
OTG	On The Go	数据交换
P		
PC	Program Counter	程序计数器
Periph	Peripherals	外设
PLL	Phase Locked Loop	锁相环/倍频器
PSP	Process Stack Pointer	进程堆栈指针
POR/PDR	Power On / Power Off Reset	上电/掉电复位
POS	Point Of Sale	销售终端
PPB	Private Peripheral Bus	私有外设总线
PWR	Power	电源
R		
RCC	Reset and Clock Control	复位和时钟控制
Retval	Return Value	返回值
RTC	Real-Time Clock	实时时钟
RTOS	Real Time Operating System	实时多任务操作系统
S		
SCB	System Control Block	系统控制块
SDIO	Secure Digital Input and Output	安全数字输入输出卡
SOC	System-On-a-Chip	系统芯片
SRAM	Static Random-Access Memory	静态随机存取存储器
SP	Stack Pointer	堆栈指针
SPI	Serial Peripheral Interface	串行外围设备接口
Src	Source	源码

续表四

英文缩写 (Abbreviations)	英文全称 (English)	中文含义 (Chinese)
Std	Standard	标准
SysTick	SysTem Tick Timer	系统嘀嗒定时器
SW	Software	软件
SWD	Serial Wire Debug	串行调试
T		
Tab	Table	表
TIM	Timer	定时器
U		
UART	Universal Asynch Receiver Transmitter	通用异步接收/发送器
USART	Universal Synchronous/Asynchronous Receiver/Transmitter	通用同步/异步接收/发送器
USB	Universal Serial Bus	通用串行总线
USBPRE	USB Prescaler	USB 预分频
V		
VLSI	Very Large Scale Integration	超大规模集成电路
W		
WWDG	Window Watchdog	窗口看门狗

参 考 文 献

[1] 郑亮，王戬，袁健男，等. 嵌入式系统开发与实践：基于 STM32F10x 系列[M]. 2 版. 北京：北京航天
     航空大学出版社，2018.

[2] 张洋，刘军，严汉宇，等. 精通 STM32F4(库函数版)[M]. 2 版. 北京：北京航天航空大学出版社，2019.

[3] 刘军，张洋，严汉宇，等. 精通 STM32F4(寄存器版)[M]. 2 版. 北京：北京航天航空大学出版社，2019.

[4] 温子祺，冼安胜，林秩谦. ARM Cortex-M4 微控制器深度实战[M]. 北京：北京航天航空大学出版社，
     2018.

[5] 赵常松，吴显义. ARM 嵌入式系统原理与应用教程[M]. 2 版. 北京：北京航天航空大学出版社，2016.

[6] 郭书军. ARM Cortex-M3 系统设计与实现：STM32 基础篇[M]. 2 版. 北京：电子工业出版社，2018.

[7] 杨余柳，张叶茂，伦砚波. 基于 ARM Cortex-M3 的 STM32 微控制器实战教程[M]. 2 版. 北京：电子
     工业出版社，2017.

[8] 陈志旺，刘宝华，王荣彦，等. STM32 嵌入式微控制器快速上手[M]. 2 版. 北京：电子工业出版社，
     2014.

[9] 郭书军，王玉花. ARM Cortex-M3 系统设计与实现：STM32 基础篇[M]. 北京：电子工业出版社，2014.

[10] 张燕妮. STM32F0 系列 Cortex-M0 原理与实践[M]. 北京：电子工业出版社，2016.

[11] 杨振江，朱敏波，丰博，等. 基于 STM32 ARM 处理器的编程技术[M]. 西安：西安电子科技大学出
      版社，2016.